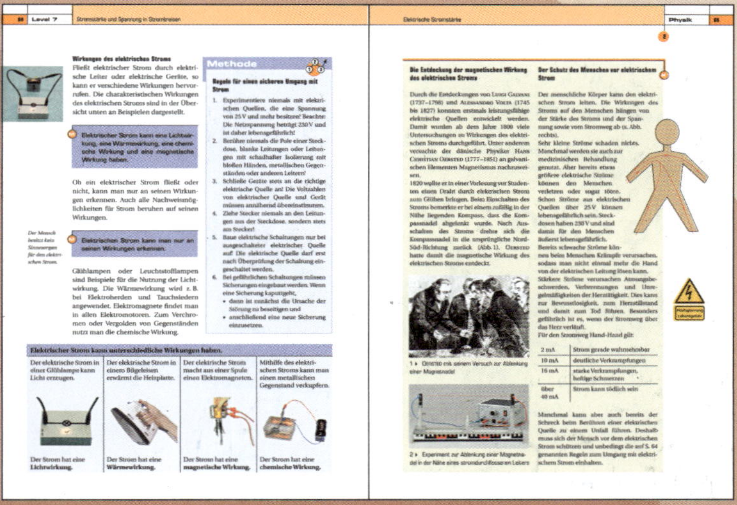

Inhaltsseiten
Diese Seiten vermitteln dir – unterstützt durch **Merkstoff**, Tabellen und Übersichten – physikalisches Grundlagenwissen über wichtige Begriffe, Gesetze, Erscheinungen und Zusammenhänge.

Ergänzendes und Vertiefendes
bietet zusätzliche Informationen.

Vielfältige **Aufgaben** ermöglichen es dir, dein Wissen anzuwenden und zu testen.

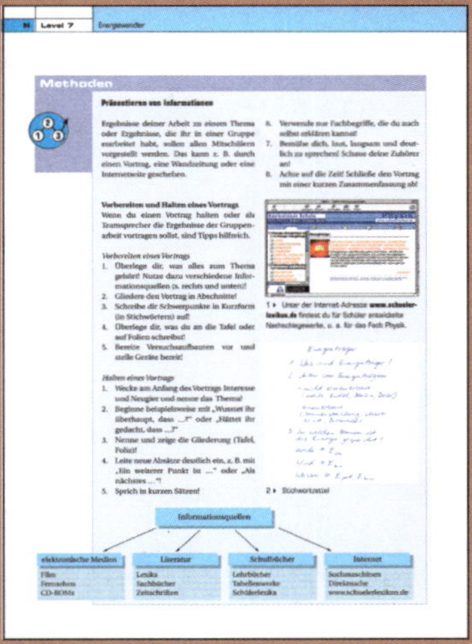

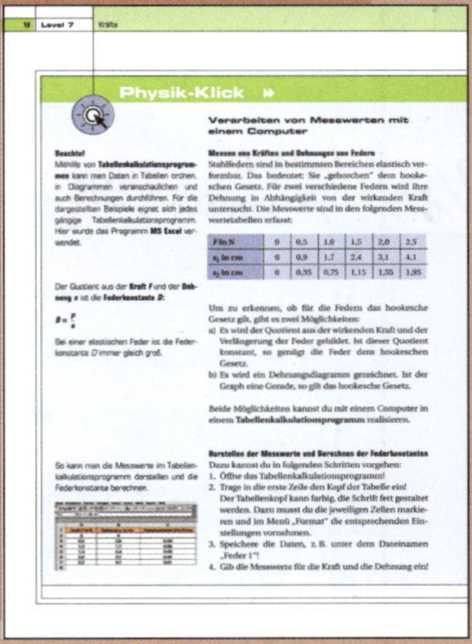

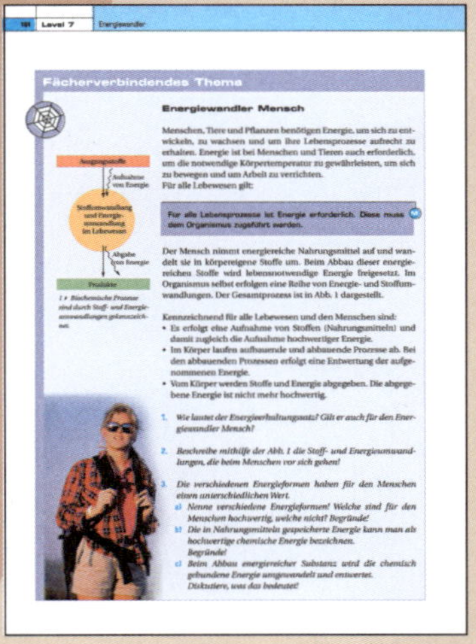

Methoden
Für die Physik charakteristische Denk- und Arbeitsmethoden zeigen dir, wie du bei bestimmten Tätigkeiten (z. B. Erklären, Experimentieren, Protokollieren, Interpretieren, Lösen von Aufgaben) schrittweise vorgehen kannst.

Physik-Klick
Diese Seiten geben dir Anregungen für die Arbeit mit neuen Medien, insbesondere für die Nutzung des Internets.

Fächerverbindendes Thema
Diese Seiten sollen dich zum selbstständigen Bearbeiten von Themen anregen, die eine Verbindung zwischen verschiedenen Fächern herstellen.

Projekte
Neben Sachinformationen werden hier interessante Fragen aufgeworfen, die du in der Gruppe bearbeiten kannst. Außerdem kannst du eigene Projektideen entwickeln.

Level Physik 7

Lehrbuch für die Klasse 7
Gymnasium Sachsen

Herausgeber:
Prof. Dr. habil. Lothar Meyer
Dr. Gerd-Dietrich Schmidt

PAETEC
Verlag für Bildungsmedien Berlin · Frankfurt a. M.

Herausgeber
Prof. Dr. habil. Lothar Meyer
Dr. Gerd-Dietrich Schmidt

Autoren
PD Dr. habil. Barbara Gau
Günter Kunert
Prof. Dr. habil. Lothar Meyer
Dr. Gerd-Dietrich Schmidt

Dieses Werk enthält Vorschläge und Anleitungen für **Untersuchungen** und **Experimente.**
Vor jedem Experiment sind mögliche Gefahrenquellen zu besprechen. Die Gefahrstoffe sind durch die entsprechenden Symbole gekennzeichnet.
Experimente werden nur nach Anweisung des Lehrers durchgeführt. Solche mit Gefahrstoffen dürfen nur unter Aufsicht durchgeführt werden.
Beim Experimentieren sind die Richtlinien zur Sicherheit im naturwissenschaftlichen Unterricht einzuhalten.

1. Auflage
1 5 4 3 2 1 | 2008 2007 2006 2005 2004
Alle Drucke dieser Auflage können im Unterricht nebeneinander benutzt werden.
Die letzte Zahl bezeichnet das Jahr dieses Druckes.

Internet: www.paetec.de

Redaktion: PD Dr. habil. Barbara Gau, Prof. Dr. habil. Lothar Meyer
Gestaltungskonzept und Umschlag: Simone Hoschack
Layout: DZA Satz und BIld GmbH, Daniela Bloch, Johanna Dörsing, Manuela Liesenberg, Marion Schneider
Grafiken: Heribert Braun, Nina Geist, Claudia Kilian, Gabriele Lattke, Manuela Liesenberg, Christiane Mitzkus, Jens Prockat, Sybille Storch
Druck: Druckerei zu Altenburg GmbH

ISBN 3-89818-343-2

Inhaltsverzeichnis

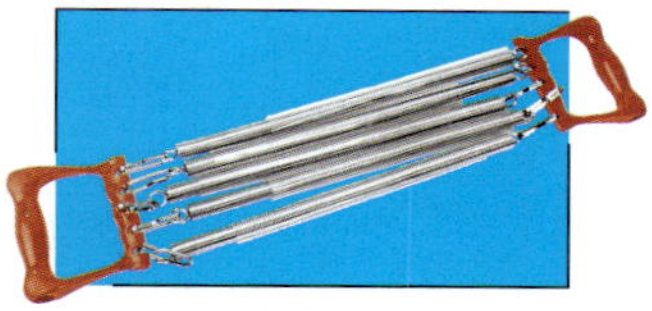

Lufthansa

1 Kräfte

1

1.1 Mechanische Kräfte

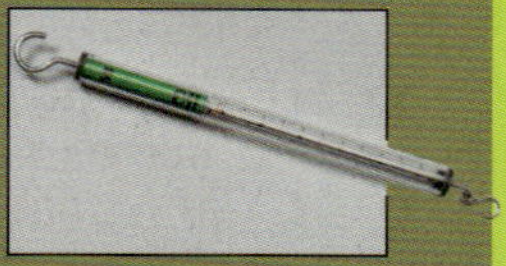

Ein gekonnter Aufschlag ▸▸ Um beim Tennis einen harten Aufschlag zu haben, besser noch, um ein Ass zu landen, muss der Spieler kräftig und geschickt gegen den Ball schlagen. Dadurch wird er beschleunigt, erhält seine Richtung und einen Drall. Sowohl der Ball als auch der Schläger werden verformt.
Um welche Kräfte geht es? Was bewirken sie?

Große Sprünge leicht gemacht ▸▸ Als erster Mensch betrat der amerikanische Astronaut NEIL ARMSTRONG im Jahre 1969 den Mond. Er konnte dort mit seiner schweren Ausrüstung von 84 kg große Sprünge ausführen. Auf der Erde wäre das mit dieser Ausrüstung nicht möglich gewesen.
Wie ist diese ungewöhnliche sportliche Leistung des Astronauten auf dem Mond zu erklären?

Kräfte und ihre Wirkungen

Im Alltag sagen wir über Vorgänge, bei denen Körper bewegt oder verformt werden, dass Kräfte wirken.

Naturkräfte, die bei Erdbeben wirken, können Ortschaften zerstören. Mit **Muskelkräften** heben wir eine Tasche oder dehnen einen Expander. Die **Schubkraft** von Triebwerken setzt ein Flugzeug auf einer Startbahn in Bewegung.

Bei diesen und anderen Vorgängen wirken Körper aufeinander ein, wobei sich ihre Bewegung oder ihre Form ändert (s. Abb. unten). Oft trifft aber auch beides zu. So wird z. B. beim Abschuss eines Fußballs nicht nur die Bewegung des Balls geändert, sondern kurzzeitig auch seine Form. Beim Aufprall eines Autos auf einen Baum wird es sowohl abgebremst als auch verformt.

M

Körper können Kräfte aufeinander ausüben. Die Kräfte sind an ihren Wirkungen erkennbar: Sie bewirken eine Änderung der Bewegung oder der Form von Körpern oder beides.

Die Einwirkungen der Körper aufeinander sind wechselseitig. Man sagt auch: Die Kraft ist eine **Wechselwirkungsgröße:** Körper A übt eine Kraft auf Körper B aus; Körper B wirkt auf Körper A mit der gleichen Kraft.

Bei einem Unfall wirkt nicht nur der Baum auf das Auto ein, sondern auch das Auto auf den Baum und verformt ihn.

Körper können mehr oder weniger stark aufeinander einwirken und dadurch kleine oder große Wirkungen hinterlassen. Dies wird durch die physikalische Größe **Kraft** beschrieben.

M

Die Kraft gibt an, wie stark zwei Körper aufeinander einwirken.

Formelzeichen: *F*

Einheit: 1 Newton (1 N)

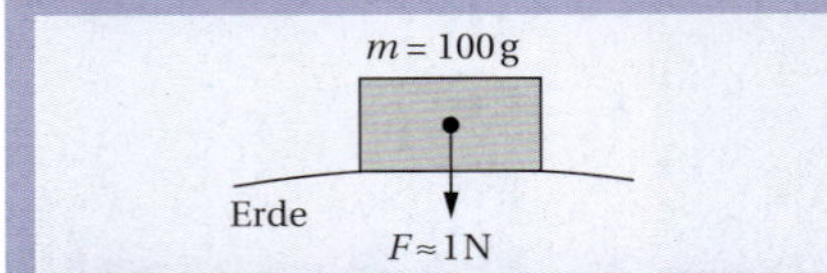

1 N ist die Kraft, mit der auf der Erdoberfläche ein Körper mit der Masse 100 g von der Erde angezogen wird.

Vielfache der Einheit 1 N sind ein Kilonewton (1 kN) und ein Meganewton (1 MN). Es gilt:

1 kN = 1 000 N

1 MN = 1 000 kN = 1 000 000 N

Die Einheit 1 N wurde nach dem englischen Physiker ISAAC NEWTON (1643–1727) benannt, der wichtige Gesetze der Mechanik, der Elektrizitätslehre und der Optik entdeckt hat. Er fand nicht nur den grundlegenden Zusammenhang zwischen der Kraft und der Bewegungsänderung eines Körpers, sondern entdeckte auch, dass sich Körper aufgrund ihrer Masse gegenseitig anziehen und dass die Gesetze der Mechanik auch im Weltraum wirken.

Ein Radfahrer wirkt auf die Pedale ein und setzt das Fahrrad in Bewegung.

Die Hände wirken auf den Ball, bremsen ihn ab und geben ihm eine andere Richtung.

Der Sturm setzt das Wasser in Bewegung und türmt riesige Wellen auf.

Bei einem Crashtest wird das Auto abgebremst und verformt.

1

Arten von Kräften

Magnetische Kraft

Ein Elektromagnet zieht Körper aus Eisen an. Zwischen Magnet und Eisenkörper wirken **magnetische Kräfte.**

Elektrostatische Kraft

Ein Kamm wird durch Reibung elektrisch geladen. Zwischen Kugeln und Kamm wirken **elektrostatische Kräfte.**

Federspannkraft

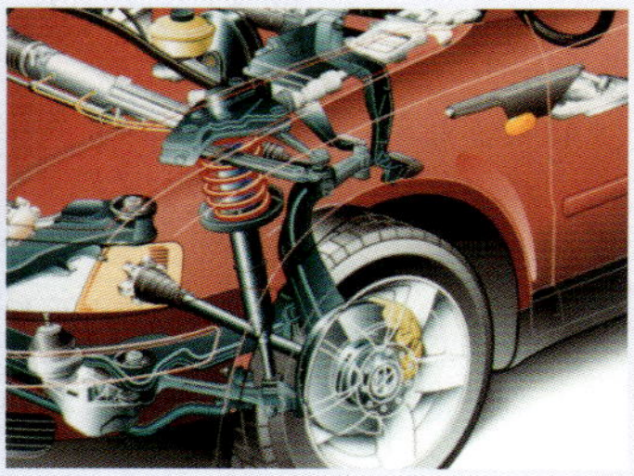

Eine gedehnte oder gestauchte Feder übt eine Kraft aus. Diese Kraft wird als **Federspannkraft** bezeichnet.

Gewichtskraft

Jeder Körper wird von der Erde angezogen und übt auf seine Unterlage eine Kraft aus, die man **Gewichtskraft** nennt.

Reibungskraft

Beim Fahren mit dem Fahrrad wirken immer auch Kräfte, die die Bewegung hemmen. Sie heißen **Reibungskräfte.**

Zugkraft

Waggons werden durch eine Lokomotive in Bewegung gesetzt. Dabei wirken auf die Waggons **Zugkräfte.**

Windkraft

In einer Windkraftanlage werden die Rotoren von Windrädern durch **Windkraft** in Bewegung versetzt.

Wasserkraft

In alten Mühlen wird **Wasserkraft** genutzt, um mithilfe von Wasserrädern Mahl- oder Schleifsteine anzutreiben.

Schubkraft

Beim Start einer Rakete werden Verbrennungsgase sehr schnell ausgestoßen. Auf die Rakete wirkt eine **Schubkraft.**

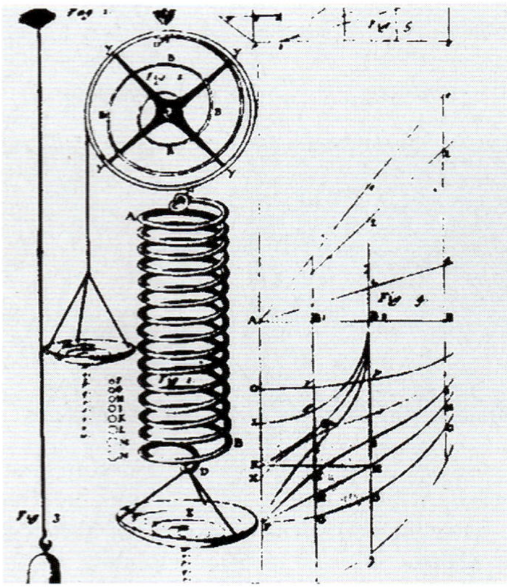

1 ▸ Seite aus dem 1687 veröffentlichten Buch „Hookesche Lectures de Potentia Restitutiva"

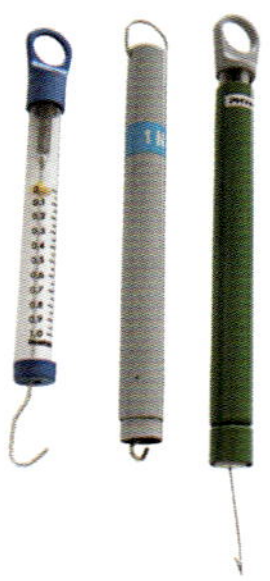

Messen von Kräften

Die elastische Verformung von Stahlfedern kann man nutzen, um Kräfte zu messen. Die Entwicklung solcher Federkraftmesser geht auf Untersuchungen des englischen Physikers ROBERT HOOKE (1635–1703) zurück. Er untersuchte die Dehnung verschiedener Federn in Abhängigkeit von der wirkenden Kraft (Abb. 1). Lagen die Kräfte in einem Bereich, in dem sich die Feder elastisch verformt, so erhielt er in Auswertung seiner Messreihen ein Diagramm, wie es in Abb. 2 für zwei Federn dargestellt ist. Der Graph im *F*-*s*-Diagramm ist eine Gerade.

Für die Ausdehnung einer Feder fand HOOKE das nach ihm benannte **hookesche Gesetz:**

> **Unter der Bedingung, dass eine Feder elastisch verformt wird, gilt: Die Verlängerung der Feder *s* ist der angreifenden Kraft *F* proportional.** M
>
> $s \sim F$

Für andere Körper, z. B. für ein Gummiband, gilt das hookesche Gesetz nicht. Ein Gummiband dehnt sich bei bestimmten Kräften überproportional aus.

Das hookesche Gesetz wird zum Messen von Kräften mit einem **Federkraftmesser** genutzt (Abb. 3). Sein wichtigster Teil ist eine elastische **Feder.** Um an einer **Skala** die Kraft in Newton (N) ablesen zu können, muss diese Skala geeicht werden. Dazu lässt man eine Kraft von 1 N, 2 N usw. einwirken und markiert die jeweilige Dehnung der Feder.

Vor jeder Messung ist der **Nullpunkt** der Skala einzustellen. Je nach Bauart des Federkraftmessers kann man das durch Verschieben einer Hülse oder Verstellen einer Schraube machen.

Um kleine bzw. große Kräfte zu messen, verwendet man Federkraftmesser mit verschiedenen **Messbereichen.** Federkraftmesser für große Kräfte haben dicke Federn, solche für kleine Kräfte dagegen dünne Federn. Der Physiker spricht auch von harten und weichen Federn.

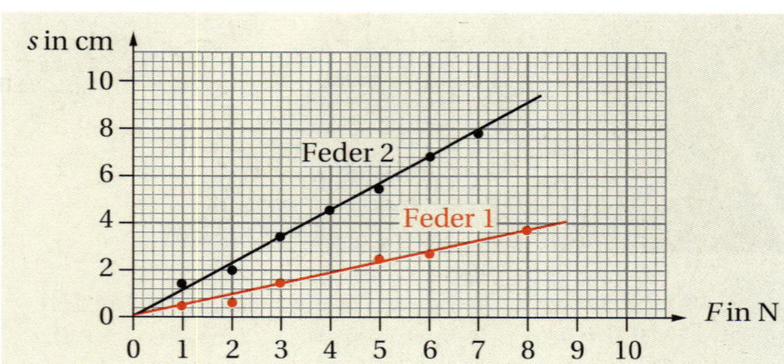

2 ▸ Die Verlängerung der Federn ist proportional zur angreifenden Kraft.

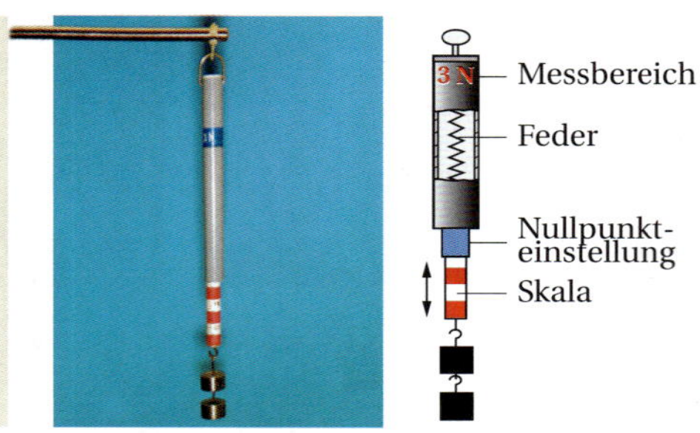

3 ▸ Ein Federkraftmesser und sein Aufbau: Wichtigstes Teil ist eine Feder.

1

Plastische und elastische Verformung

Wenn Kräfte auf Körper einwirken, können die Verformungen **plastisch** oder **elastisch** sein.
Die Verformung eines Körpers ist plastisch, wenn er nicht wieder von allein seine ursprüngliche Form annimmt, wie das beim Schmieden eines Werkstücks, beim Biegen eines Rohres, beim Bearbeiten von Knetmasse oder beim Pressen eines Karosserieteils der Fall ist.
Auch das Ausrollen eines Kuchenteigs oder das Töpfern einer Tonvase sind plastische Verformungen.

Wirkt dagegen eine Kraft auf einen Ball, den Ast eines Baumes oder eine Stahlfeder, so erfolgt ebenfalls eine Verformung dieser Körper. Sie nehmen aber ihre ursprüngliche Form wieder an, wenn die Kraft nicht mehr wirkt.

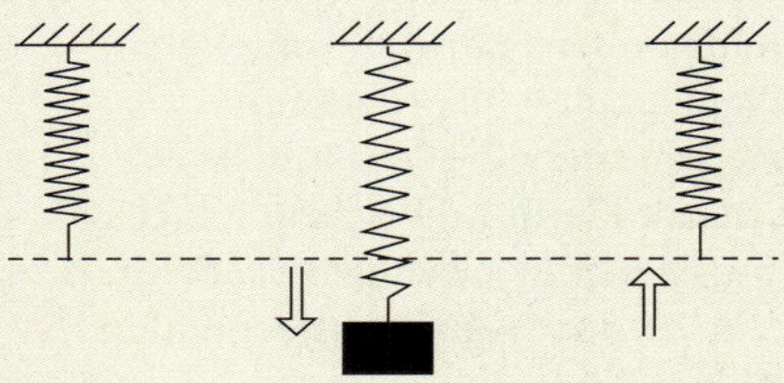

Die Verformung eines Körpers ist elastisch, wenn er von allein wieder seine ursprüngliche Form annimmt.
Elastisch verformt werden z. B. auch die Saiten von Musikinstrumenten.

Methode

Vorgehen beim Messen von Kräften

1. Schätze die Kraft und wähle davon ausgehend einen geeigneten Federkraftmesser aus!
2. Stelle den Nullpunkt ein!
3. Lass die Kraft einwirken und lies an der Skala den Betrag der Kraft ab!

Kräfte in Natur und Technik	
Gewichtskräfte	
10-Cent-Stück	0,04 N
Tafel Schokolade (100 g)	1 N
1 l Wasser	10 N
Mensch	500 N – 800 N
Pkw	≈ 10 000 N
Zugkräfte	
Pferd	400 N – 750 N
Pkw	≈ 5 000 N
Lokomotive	≈ 200 000 N
Hubkräfte	
Gewichtheben	1 000 N – 2 500 N
Eisenbahndrehkran	bis 2 500 000 N

Darstellen von Kräften

Die Wirkung einer Kraft ist von ihrem **Angriffspunkt,** ihrem **Betrag** und ihrer **Richtung** abhängig. Die Kraft ist eine gerichtete (vektorielle) Größe. Kräfte werden deshalb durch Pfeile dargestellt.

Für genaue Zeichnungen muss man einen Maßstab vereinbaren, z. B. 1 N ≙ 1 cm.
Gerichtete Größen werden manchmal durch einen Pfeil über dem Formelzeichen gekennzeichnet. Mit dem Kurzzeichen ohne Pfeil ist der Betrag der Kraft gemeint.

Physik-Klick

Verarbeiten von Messwerten mit einem Computer

Beachte!
Mithilfe von **Tabellenkalkulationsprogrammen** kann man Daten in Tabellen ordnen, in Diagrammen veranschaulichen und auch Berechnungen durchführen. Für die dargestellten Beispiele eignet sich jedes gängige Tabellenkalkulationsprogramm. Hier wurde das Programm **MS Excel** verwendet.

Messen von Kräften und Dehnungen von Federn

Stahlfedern sind in bestimmten Bereichen elastisch verformbar. Das bedeutet: Sie „gehorchen“ dem hookeschen Gesetz. Für zwei verschiedene Federn wird ihre Dehnung in Abhängigkeit von der wirkenden Kraft untersucht. Die Messwerte sind in den folgenden Messwertetabellen erfasst:

F in N	0	0,5	1,0	1,5	2,0	2,5
s_1 in cm	0	0,9	1,7	2,4	3,1	4,1
s_2 in cm	0	0,35	0,75	1,15	1,55	1,95

Der Quotient aus der **Kraft *F*** und der **Dehnung *s*** ist die **Federkonstante *D*:**

$$D = \frac{F}{s}$$

Bei einer elastischen Feder ist die Federkonstante *D* immer gleich groß.

Um zu erkennen, ob für die Federn das hookesche Gesetz gilt, gibt es zwei Möglichkeiten:

a) Es wird der Quotient aus der wirkenden Kraft und der Verlängerung der Feder gebildet. Ist dieser Quotient konstant, so genügt die Feder dem hookeschen Gesetz.
b) Es wird ein Dehnungsdiagramm gezeichnet. Ist der Graph eine Gerade, so gilt das hookesche Gesetz.

Beide Möglichkeiten kannst du mit einem Computer in einem **Tabellenkalkulationsprogramm** realisieren.

So kann man die Messwerte im Tabellenkalkulationsprogramm darstellen und die Federkonstante berechnen.

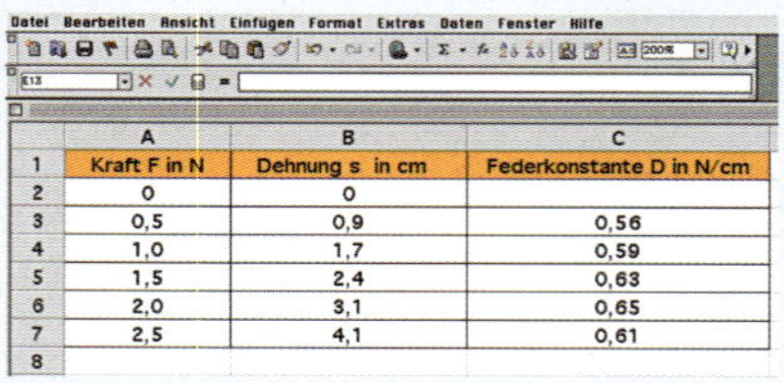

	A	B	C
1	Kraft F in N	Dehnung s in cm	Federkonstante D in N/cm
2	0	0	
3	0,5	0,9	0,56
4	1,0	1,7	0,59
5	1,5	2,4	0,63
6	2,0	3,1	0,65
7	2,5	4,1	0,61
8			

Darstellen der Messwerte und Berechnen der Federkonstanten

Dazu kannst du in folgenden Schritten vorgehen:

1. Öffne das Tabellenkalkulationsprogramm!
2. Trage in die erste Zeile den Kopf der Tabelle ein!
   Der Tabellenkopf kann farbig, die Schrift fett gestaltet werden. Dazu musst du die jeweiligen Zellen markieren und im Menü „Format“ die entsprechenden Einstellungen vornehmen.
3. Speichere die Daten, z. B. unter dem Dateinamen „Feder 1“!
4. Gib die Messwerte für die Kraft und die Dehnung ein!

1

5. Wenn du die Berechnung vornehmen willst, kannst du so vorgehen:
   - Markiere das Feld C3!
   - Klicke im Menü auf das Gleichheitszeichen und gib die Rechenoperation B3/A3 ein! Drücke „Enter"!
   - Wiederhole das für die Felder C4 bis C7!

Du erhältst die Tabelle, die auf S. 12 links dargestellt ist.

Darstellen der Messwerte in einem Dehnungsdiagramm

Die Messwerte können auch in einem Dehnungsdiagramm dargestellt werden, wenn man ein Tabellenkalkulationsprogramm nutzt. Dabei kann man den Graphen für eine oder auch für beide Federn darstellen:

1. Trage die Messwerte so in die Tabelle ein, wie es rechts oben dargestellt ist.

2. Markiere die Zellen Feder 1 und Feder 2 und die Messwerte für die Dehnungen der beiden Federn!

3. Rufe den Diagrammassistenten durch Klicken auf das entsprechende Symbol in der Menüleiste auf! Wähle ein **Liniendiagramm mit Datenpunkten** aus! Drücke dann auf die Schaltfläche „Weiter"!

4. Gehe zum Bereich **Reihe!** Setze den Cursor in die Beschriftung der Rubrikenachse (X)! Markiere die Messwerte für die Kraft in der Tabelle! Mit „Weiter" kommst du zum nächsten Schritt.

5. Nun kannst du das Diagramm und die Achsen beschriften und das Diagramm fertigstellen.

6. Die Graphen verlaufen nicht durch den Punkt (0;0). Um das zu ändern, bewege den Mauszeiger in die Nähe der Kraftachse. Wenn das Wort „Rubrikenachse" erscheint, öffnet sich durch Doppelklick ein Menü. Öffne „Skalierung" und entferne bei der Größenachse das Häkchen. Damit erhältst du das nebenstehend abgebildete Dehnungsdiagramm.

	A	B	C
1	Kraft F in N	Dehnung in cm Feder 1	Dehnung in cm Feder 2
2	0	0	0
3	0,5	0,9	0,35
4	1,0	1,7	0,75
5	1,5	2,4	1,15
6	2,0	3,1	1,55
7	2,5	4,1	1,95
8			

Der Diagramm-Assistent hat das Symbol 

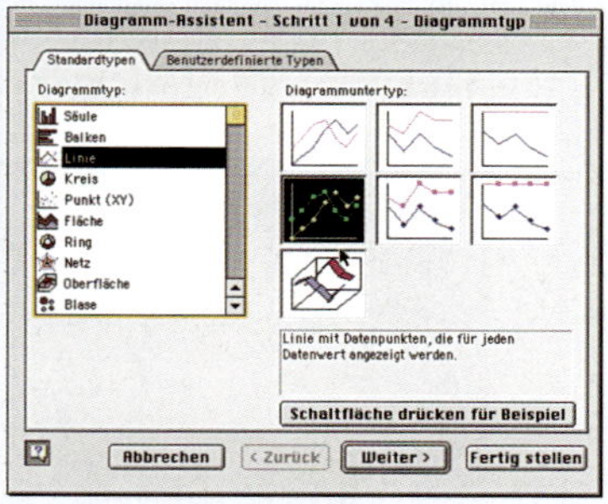

Die Farben der Graphen und der Flächen kannst du beliebig ändern!

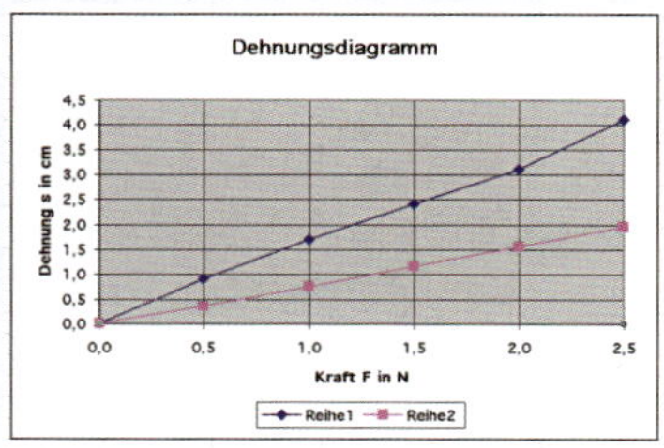

Aus dem Diagramm ist erkennbar:
1. Beide Federn genügen näherungsweise dem hookeschen Gesetz.
2. Feder 1 ist weicher als Feder 2, weil sie bei der gleichen Kraft stärker gedehnt wird.

Die Gewichtskraft von Körpern

Alle Körper ziehen sich aufgrund ihrer Massen gegenseitig an. Hält man einen Gegenstand, z. B. ein Schulbuch, in der Hand, so spürt man eine Kraft, die nach unten zieht. Legt man das Schulbuch auf einen Tisch, so drückt es mit derselben Kraft auf diese Unterlage. Lässt man es los, fällt es nach unten in Richtung Erdmittelpunkt. Hängen wir es an einen Federkraftmesser, so zieht es mit derselben Kraft an der Aufhängung. Die Ursache dafür ist in allen Fällen die Erdanziehungskraft.

In der Physik wird die Kraft, die auf alle Körper auf der Erdoberfläche und in Erdnähe wirkt, als **Gewichtskraft** bezeichnet.

Die Gewichtskraft F_G gibt an, wie stark ein Körper auf eine Unterlage drückt oder an einer Aufhängung zieht.

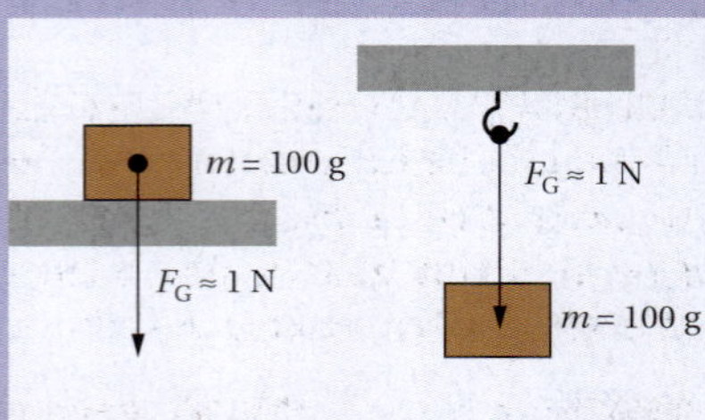

Dein Physikbuch hat eine Gewichtskraft von etwa 4 N.

Die Gewichtskraft, die auf einen Körper wirkt, hängt ab

- von seiner Masse (Abb. 1) und
- von dem Ort, an dem er sich befindet (Abb. 2, 3).

Für relativ kleine Höhen, wie beim Flug mit einem Airbus in etwa 10 km Höhe, ist die Gewichtsverminderung so klein, dass man sie vernachlässigen kann. Aber in einer Entfernung von etwa 1 000 km wird die Gewichtskraft um etwa ein Viertel kleiner.

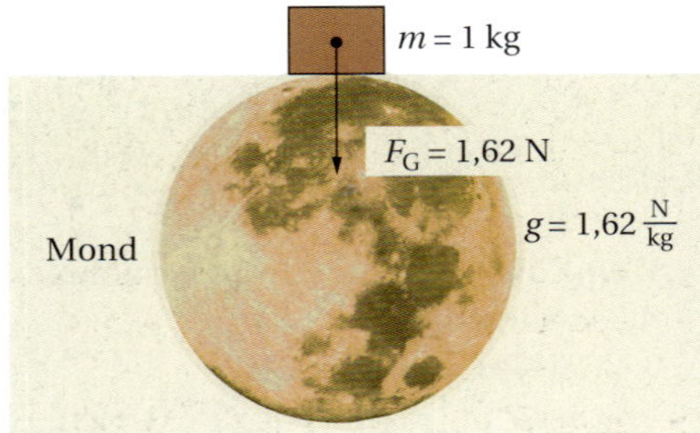

2 ▸ Die Gewichtskraft eines Körpers auf dem Mond ist nur etwa 1/6 so groß wie auf der Erde.

Die Gewichtskraft kann berechnet werden mit der Gleichung:

$$F_G = m \cdot g$$

m Masse des Körpers
g Ortsfaktor (Fallbeschleunigung)

Der **Ortsfaktor** ist eine Konstante, die vom jeweiligen Ort abhängig ist. Ihr durchschnittlicher Wert für die Erdoberfläche beträgt:

$$g = 9{,}81\,\frac{\text{N}}{\text{kg}} \approx 10\,\frac{\text{N}}{\text{kg}}$$

Ortsfaktor	g in N/kg
Äquator	9,78
Nordpol	9,83
Mond	1,62
Mars	3,7

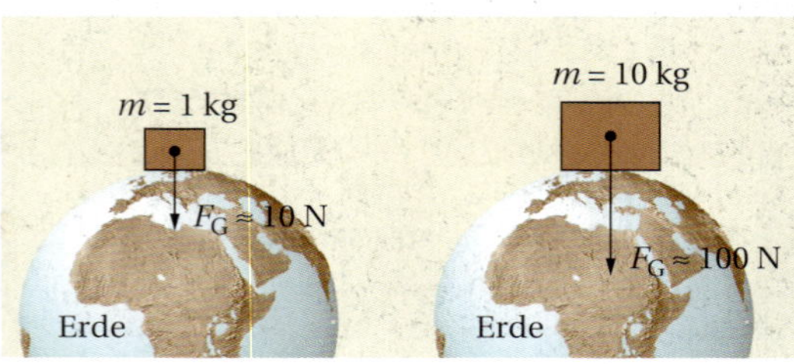

1 ▸ Je größer die Masse eines Körpers ist, desto größer ist am gleichen Ort auch seine Gewichtskraft.

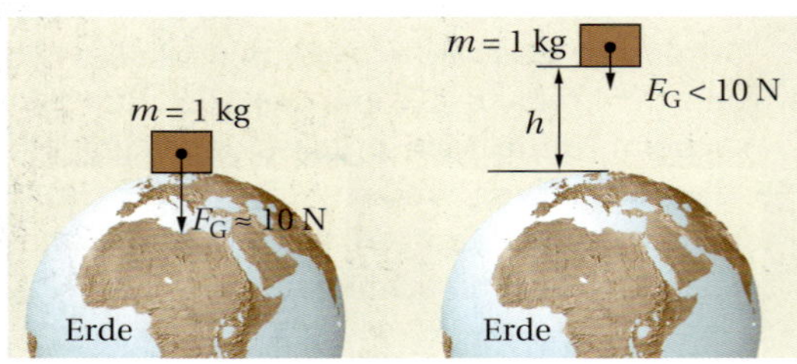

3 ▸ Je weiter ein Körper von der Erde entfernt ist, desto kleiner ist seine Gewichtskraft.

1

Masse und Gewichtskraft In der Physik muss man die Masse und die Gewichtskraft eines Körpers voneinander unterscheiden.	
Masse m	**Gewichtskraft** F_G
Die Masse ist eine Eigenschaft eines Körpers. Sie ist nur von diesem Körper abhängig.	Die Gewichtskraft kennzeichnet die Wechselwirkung zwischen zwei Körpern. Sie ist von beiden Körpern abhängig.
Die Masse eines Körpers ist überall gleich groß.	Die Gewichtskraft eines Körpers ist abhängig vom Ort, an dem sich der Körper befindet.
Einheit der Masse ist ein Kilogramm (1 kg).	Einheit der Gewichtskraft ist ein Newton (1 N).
Messgerät für die Masse ist die Waage.	Messgerät für die Gewichtskraft ist der Kraftmesser.

Die Gewichtslosigkeit

Die Gewichtskraft eines Körpers ist nicht nur abhängig vom Ort, an dem er sich befindet. Sie hängt auch davon ab, ob und wie sich der Körper bewegt.

Steht z. B. eine Person auf einer ruhenden Unterlage, so wirkt auf die Unterlage, z. B. den Fußboden, ihre „normale" Gewichtskraft. Ursache dafür ist die Anziehungskraft zwischen Person und Erde. Diese Anziehungskraft zwischen beiden wirkt auch dann, wenn sich die Person beliebig bewegt (Abb. 1, 2). Bei einer Bewegung nach oben oder nach unten verändert sich aber die Kraft, die auf die Unterlage wirkt, also die Gewichtskraft (Abb. 1). Beim Anfahren nach oben ist die Gewichtskraft größer als die „normale" Gewichtskraft. Beim Anfahren nach unten ist das Gegenteil der Fall: Die Gewichtskraft ist kleiner als die „normale" Gewichtskraft. Auch in Flugzeugen kann man die Verminderung seiner eigenen Gewichtskraft spüren, wenn das Flugzeug in ein „Luftloch" gerät.

Fällt ein Körper herunter, so übt er keine Kraft mehr auf eine Unterlage aus. Seine Gewichtskraft ist in diesem Fall null. Der Körper ist dann **gewichtslos** oder, wie man auch sagt, **schwerelos** (Abb. 2).

Auch Astronauten in einer Raumstation sind schwerelos.

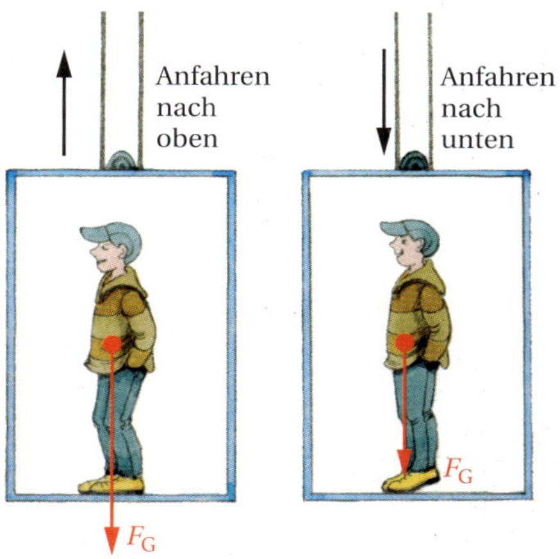

1 ▸ Beim Anfahren und Bremsen eines Fahrstuhls bemerkt man, wie sich die Gewichtskraft ändert.

2 ▸ Fallschirmspringer sind kurz nach dem Absprung fast schwerelos.

Der Hebel – eine kraftumformende Einrichtung

Mit Hebeln, wie einem Flaschenöffner oder einer Schere, kann man die Wirkungen von Kräften vergrößern. Hebel sind wie Rollen, Flaschenzüge, geneigte Ebenen sowie hydraulische und pneumatische Anlagen **Kraftwandler**. Der Physiker nennt sie auch **kraftumformende Einrichtungen,** weil mit ihrer Hilfe der Betrag oder die Richtung einer Kraft oder beides verändert werden kann (s. S. 121). In diesem Sinne sind Kraftwandler Hilfsmittel, die die menschliche Muskelkraft vergrößern.

Hebel können je nach ihrem Verwendungszweck unterschiedliche Formen und Anordnungen haben. Alle Hebel besitzen jedoch eine **Drehachse** und zwei **Kraftarme.** Je nach Lage der Kraftarme zur Drehachse unterscheidet man zwischen **einseitigen** und **zweiseitigen Hebeln** (Abb. 1, 2).

Beispiele für einen einseitigen Hebel sind Flaschenöffner, Nussknacker, Pinzetten oder Schraubenschlüssel. Beispiele für einen zweiseitigen Hebel sind Zangen, Scheren, Wippen oder Balkenwaagen.

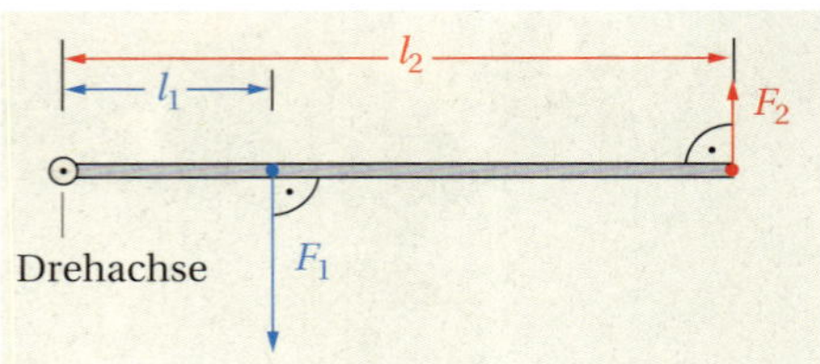

1 ▸ Einseitiger Hebel: Die Kräfte greifen auf **einer** Seite der Drehachse an.

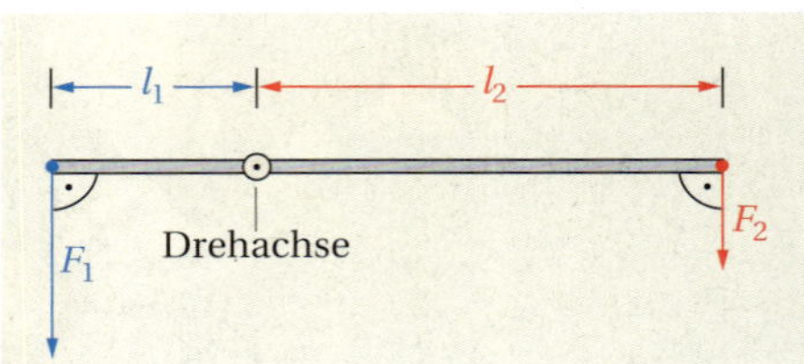

2 ▸ Zweiseitiger Hebel: Die Kräfte greifen auf **verschiedenen** Seiten der Drehachse an.

Unser Arm – ein Hebel

Unsere Arme und Beine wirken ebenfalls wie Hebel. Wenn wir den Unterarm waagerecht halten, dann gilt für die Kraftarme etwa: $l_1 : l_2 = 1 : 8$

Das bedeutet: Um in dieser Stellung eine bestimmte Last zu halten, muss durch die Muskeln etwa die achtfache Kraft aufgebracht werden. Für größere Lasten reicht die Muskelkraft nicht aus.

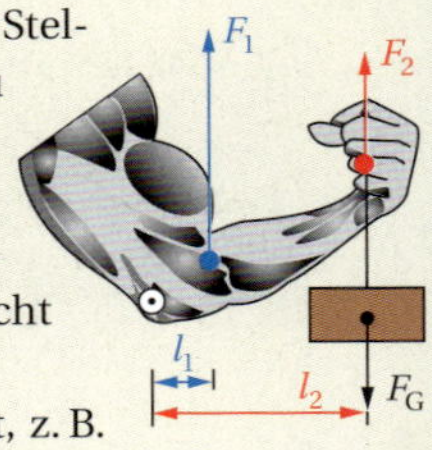

Um solch eine größere Last, z. B. eine schwere Tasche, zu halten, muss der Kraftarm l_2 verkürzt werden. Das geschieht dadurch, dass man den Unterarm in eine fast senkrechte Stellung bringt.

Befindet sich ein einseitiger oder zweiseitiger Hebel im Gleichgewicht, so gilt das **Hebelgesetz:**

Je länger der gewählte Kraftarm ist, desto kleiner ist die aufzuwendende Kraft.

$$F_1 \cdot l_1 = F_2 \cdot l_2$$

F_1, F_2	wirkende Kräfte
l_1, l_2	Längen der zugehörigen Kraftarme

Das kann man z. B. feststellen, wenn man mit einer Brechstange eine schwere Kiste anheben oder mit einem Schraubenschlüssel eine Radmutter lösen will (Abb. 3).

3 ▸ Auch bei einem Schraubenschlüssel gilt: Je länger der Kraftarm, desto kleiner die Kraft.

1

Reibungskräfte

Zwischen zwei Körpern, die sich berühren, wirken Reibungskräfte. Das spüren wir, wenn wir einen schweren Schrank wegschieben wollen oder wenn wir mit dem Fahrrad einen sandigen Weg entlang fahren.

> **M** **Reibungskräfte sind immer so gerichtet, dass sie der Bewegung entgegenwirken und diese hemmen oder verhindern.**

Sie sind u. a. die Ursache für Bremsvorgänge und für Erwärmungen bei sich bewegenden Körpern. Dabei wird zwischen der **Haftreibungskraft,** der **Gleitreibungskraft** und der **Rollreibungskraft** unterschieden (s. Übersicht unten).

Die wesentliche Ursache für das Auftreten von Reibungskräften liegt in der Oberflächenbeschaffenheit der Körper begründet, die sich berühren. Diese Oberflächen sind mehr oder weniger rau. Liegen die Körper aufeinander oder bewegen sie sich gegeneinander, so „verhaken" sich die Unebenheiten der Flächen. Die Bewegung wird gehemmt oder verhindert (Abb. 1, 2).

1 ▸ Reibungskräfte wirken auch, wenn sich Körper in Wasser oder in Luft bewegen.

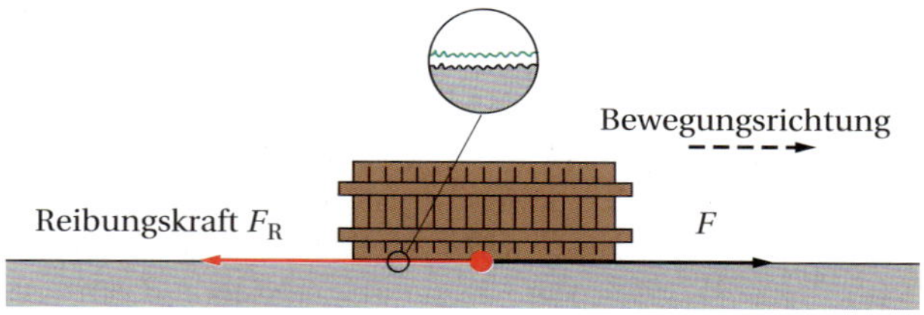

2 ▸ Die Reibungskraft wirkt stets entgegen der Bewegungsrichtung.

Arten der Reibung

Haftreibung	Gleitreibung	Rollreibung
liegt vor, wenn ein Körper auf einem anderen haftet.	liegt vor, wenn ein Körper auf einem anderen gleitet.	liegt vor, wenn ein Körper auf einem anderen abrollt.

Die Kraft, die zwischen Reifen und Straße wirkt und das Rutschen der Räder verhindert, nennt man **Haftreibungskraft.**	Kinder rutschen oder gleiten auf der Rutsche herab. Die bewegungshemmende Kraft nennt man **Gleitreibungskraft.**	Die Kraft, die zwischen rollenden Rädern und der Straße auftritt, und die Bewegung hemmt, nennt man **Rollreibungskraft.**

Der Betrag der Reibungskraft ist umso größer, je größer die Kraft ist, mit der ein Körper senkrecht auf seine Unterlage drückt. In den Abbildungen 1 und 3 ist das die Gewichtskraft des Körpers.

Bei rauen Oberflächen ist die Reibungskraft größer als bei glatten (Abb. 3).

> **Der Betrag der Reibungskraft ist abhängig**
> - **von der Kraft, mit der die reibenden Körper aufeinander gepresst werden, sowie**
> - **von der Art und Beschaffenheit der Berührungsflächen.**

Die Reibungskraft hängt nicht davon ab, wie groß die Berührungsfläche der beiden Körper ist.

Erhöht man allmählich die Zugkraft auf einen Körper, der auf einer Unterlage haftet, so bewegt er sich zunächst nicht. Kurz bevor der Körper zu gleiten beginnt, ist die Zugkraft am größten. Die Kraft, die ihr entgegenwirkt, ist die Haftreibungskraft. Fängt der Körper an zu gleiten, dann verringert sich die Zugkraft. Sie entspricht der Gleitreibungskraft.

In den meisten Fällen gilt für einen Körper, der sich auf einer bestimmten Unterlage befindet:

> **Die Haftreibungskraft ist größer als die Gleitreibungskraft und diese ist größer als die Rollreibungskraft.**

2 ▸ Durch ein Luftkissen kann die Reibungskraft wesentlich verringert werden.

Reibungskräfte sind teils **erwünscht,** teils unerwünscht. Beim Gehen ist eine große Reibungskraft zwischen unseren Schuhen und der Straße erwünscht. Beim Rodeln, Radfahren oder Skifahren ist Reibung meist **unerwünscht.** Das gilt auch für viele Fahrzeuge und Maschinen.

Die Reibungskraft kann durch Erhöhen der Kraft, mit der die Körper aufeinander gepresst werden, und durch Aufrauung der Oberflächen **vergrößert** werden.

Die Reibungskraft kann **verringert** werden

- durch Verkleinerung der Kraft, mit der die Körper aufeinander gepresst werden,
- durch Glättung der sich berührenden Oberflächen sowie
- durch Schmiermittel (Fett, Öl, Wasser).

Auch Luft kann wie ein Schmiermittel wirken. Ähnlich reibungsmindernd wirkt auch ein dünner Wasserfilm, der sich z. B. unter den Reifen von Pkw bilden kann (Aquaplaning).

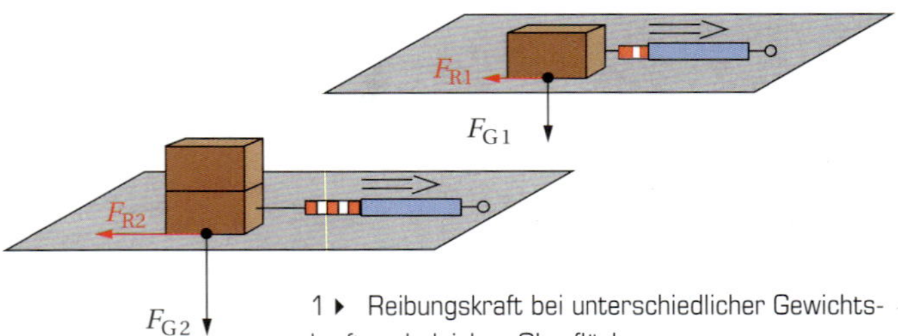

1 ▸ Reibungskraft bei unterschiedlicher Gewichtskraft und gleichen Oberflächen

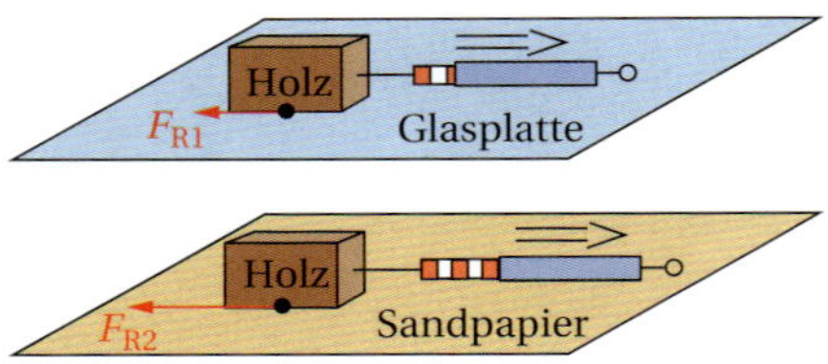

3 ▸ Reibungskraft bei unterschiedlichen Oberflächen und gleicher Gewichtskraft

Physik in Natur und Technik

Verschiedene Kräfte – verschiedene Wirkungen
Beim Wasserspringen biegt sich das Sprungbrett durch die Gewichtskraft des Springers durch (Abb. 2). Bei Springern mit verschiedenen Gewichtskräften biegt sich das Brett unterschiedlich stark durch.
Wovon ist die Wirkung der Gewichtskraft auf ein Sprungbrett abhängig?

2 ▸ Die Verformung eines elastischen Bretts hängt u. a. von der Gewichtskraft des Jungen ab.

Die Kraft, die auf das Sprungbrett einwirkt, ist die Gewichtskraft des Springers. Wir müssen herausfinden, ob Betrag, Richtung und Angriffspunkt die Wirkung dieser Kraft beeinflussen. Dazu untersuchen wir systematisch die Wirkung von Kräften auf eine biegsame Holzleiste anstelle des Sprungbretts. Wir führen also für den gegebenen Fall ein Experiment am Modell durch.
Damit wenden wir eine für die Physik typische Arbeitsweise an: An einem vereinfachten Beispiel (Modell) werden Zusammenhänge untersucht und die Ergebnisse auf das Original übertragen.

1. Fall:
Wir untersuchen, ob die Wirkung einer Kraft vom Betrag abhängig ist. Angriffspunkt und Richtung der Kraft bleiben konstant.
Die Experimente (Abb. 1) zeigen:
Die Wirkung einer Kraft auf einen Körper ist von ihrem Betrag abhängig.
Je größer die Gewichtskraft eines Springers ist, desto stärker biegt sich das Sprungbrett durch, wenn er an derselben Stelle auf dem Brett steht.

2. Fall:
Wir untersuchen die Abhängigkeit der Wirkung einer Kraft vom Angriffspunkt und lassen Betrag und Richtung der Kraft konstant.

Die Experimente (Abb. 3) zeigen:
Die Wirkung einer Kraft ist von ihrem Angriffspunkt abhängig.
Je weiter nach vorn ein Springer auf das Sprungbrett geht, desto stärker biegt es sich durch.

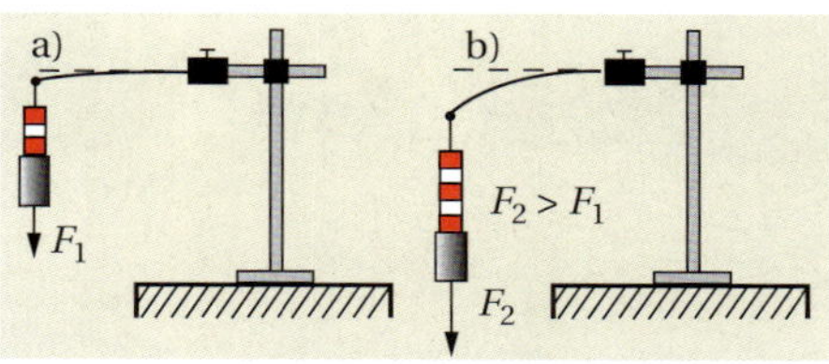

1 ▸ Abhängigkeit der Wirkung einer Kraft von ihrem Betrag

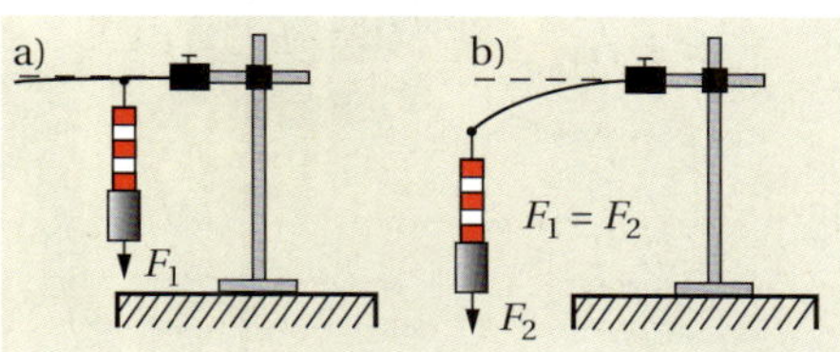

3 ▸ Abhängigkeit der Wirkung einer Kraft vom Angriffspunkt

Auf dem Mond ist alles leichter

In den Jahren 1969–1972 landeten amerikanische Astronauten auf dem Mond (Abb. 1). Im Rahmen des Apollo-Mondlandeprogramms betrat NEIL ARMSTRONG im Juli 1969 als Erster die Mondoberfläche. Die Ausrüstung eines Astronauten hatte auf der Erde eine Masse von 84 kg und damit auf der Erdoberfläche eine Gewichtskraft von etwa 840 N. Auf dem Mond führten die Astronauten aber mit dieser Ausrüstung ohne Schwierigkeiten große Sprünge aus.

840 N wiegt auf der Erde ein ausgewachsener Mann.

Wie ist das zu erklären? Welche Gewichtskraft hatte die Ausrüstung eines Astronauten auf dem Mond?

Die Masse der Ausrüstung ist auf dem Mond genauso groß wie auf der Erde. Sie beträgt 84 kg und ist nicht vom Ort abhängig.

Die Gewichtskraft eines Körpers ist jedoch vom Ort abhängig. Sie beträgt auf dem Mond nur etwa 1/6 der Gewichtskraft des Körpers auf der Erde. Die Ausrüstung eines Astronauten hat also auf dem Mond nicht mehr eine Gewichtskraft von 840 N wie auf der Erde, sondern nur von 140 N. Auch die Gewichtskraft des Astronauten selbst verringert sich auf dem Mond auf 1/6.

Da die Muskelkräfte die gleichen waren wie auf der Erde, konnten die Astronauten auf dem Mond große Sprünge ausführen und ihre schwere Ausrüstung ohne Probleme transportieren.

Methode

Erklären physikalischer Erscheinungen

Beim Erklären wird zusammenhängend und geordnet dargestellt, warum eine Erscheinung in Natur und Technik so und nicht anders auftritt. Dabei wird die *einzelne* Erscheinung auf das Wirken *allgemeinerer* Gesetze zurückgeführt. Auch Modelle können zum Erklären herangezogen werden.

Beim Erklären gehe in folgenden Schritten vor:

1. Beschreibe die für das Wirken von Gesetzen und Anwenden von Modellen wesentlichen Seiten in der Erscheinung! Lasse unwesentliche Seiten unberücksichtigt!
2. Nenne Gesetze und Modelle, mit denen die Erscheinung erklärt werden kann, weil deren Wirkungsbedingungen vorliegen!
3. Führe die Erscheinung auf das Wirken physikalischer Gesetze bzw. auf das Anwenden von Modellen zurück!

1 ▸ Der amerikanische Astronaut JAMES IRVIN landete 1971 mit „Apollo 15“ auf dem Mond.

1

Auch Wippen will gelernt sein

Alexander und seine beiden Kinder wollen wippen (Abb. 1). Alexander hat eine Masse von 70 kg, die Kinder haben zusammen eine Masse von 35 kg.
Wenn sich alle an das jeweilige Ende der Wippe setzen, funktioniert es nicht so recht.
Wie müssen sich die Personen auf die Wippe setzen, damit sie problemlos schaukeln können? Die Gesamtlänge der Wippe beträgt 5 m.

1 ▸ Unterschiedlich schwere Personen auf einer Wippe im Gleichgewicht

Analyse:
Die Wippe ist ein zweiseitiger Hebel. An jedem Kraftarm greift die Gewichtskraft einer Person aufgrund ihrer Masse an.
Das Schaukeln funktioniert dann besonders gut, wenn sich dieser Hebel im Gleichgewicht befindet. Dann gilt das Hebelgesetz. Da die Gewichtskräfte der Personen verschieden sind, müssen sie sich in unterschiedlichen Entfernungen von der Drehachse auf die Wippe setzen. Da Alexander wegen seiner größeren Masse die größere Gewichtskraft hat, muss der Kraftarm auf seiner Seite kürzer sein.
Die Skizze zeigt den Sachverhalt vereinfacht:

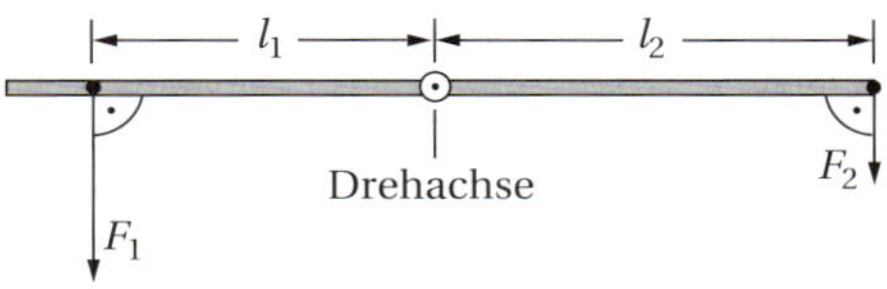

Gesucht: l_1
Gegeben: $l_2 = 2{,}50\,\text{m}$
$m_1 = 70\,\text{kg}$
$m_2 = 35\,\text{kg}$

Lösung:
Aus der Masse der Personen können deren Gewichtskräfte berechnet werden: Sie betragen $F_1 = 700\,\text{N}$ und $F_2 = 350\,\text{N}$.

Das Hebelgesetz lautet:

$$F_1 \cdot l_1 = F_2 \cdot l_2$$

Die Gewichtskraft von Alexander ist doppelt so groß wie die seiner Kinder. $F_1 = 350\,\text{N} \cdot 2$, $F_1 = 700\,\text{N}$
Deshalb muss sich Alexander nur halb so weit von der Drehachse entfernt befinden wie die Kinder:

$$l_1 = l_2/2$$
$$l_1 = 2{,}50\,\text{m}/2 = \underline{1{,}25\,\text{m}}$$

Ergebnis:
Damit alle Personen problemlos wippen können, muss Alexander 1,25 m vom Drehpunkt entfernt sitzen.

Methode

Lösen von Aufgaben durch inhaltlich-logisches Schließen

Um physikalisch-mathematische Aufgaben durch inhaltlich-logisches Schließen zu lösen, solltes du dir folgende Fragen überlegen:

1. Wie kann man den Wert einer physikalischen Größe interpretieren?
2. Was für ein Zusammenhang besteht zwischen jeweils zwei Größen im Sachverhalt der Aufgabe?
3. Was folgt aus der Art des Zusammenhangs für die eine Größe, wenn von der anderen Größe Vielfache oder Teile gebildet werden?
4. Auf das Wievielfache bzw. den wievielten Teil ändert sich der Wert einer Größe?
5. Was folgt daraus für die andere Größe?

Reibung beim Autofahren

Reibungskräfte hemmen die Bewegung. Das gilt für den Luftwiderstand (Abb. 1) ebenso wie für die Rollreibung zwischen Reifen und Fahrbahn. Es könnte deshalb vorteilhaft sein, die Reibungskräfte zwischen Reifen und Fahrbahn zu verringern. Nun versucht man aber, durch eine entsprechende Profilgestaltung der Reifen und die Wahl bestimmter Gummisorten die Reibungskräfte möglichst zu vergrößern. Auch den Straßenbelag wählt man so, dass die Haftreibung zwischen Reifen und Straße möglichst groß ist.

Warum ist die Reibung beim Autofahren einerseits erwünscht und sogar notwendig und andererseits unerwünscht?

Wie kann man die Reibungskräfte beim Autofahren möglichst groß bzw. möglichst klein halten?

Für die Fortbewegung eines Autos ist die **Haftreibung** zwischen Fahrbahn und Reifen *notwendig*. Ohne Haftreibung könnte man weder Auto fahren noch bremsen.

Beim Anfahren könnte die Motorkraft ohne Haftreibung nicht auf die Straße übertragen werden. Die Räder würden durchdrehen und das Auto sich nicht bewegen. Ohne Reibung gäbe es auch kein Bremsen. Schon bei geringer Haftreibung, etwa auf nassen oder eisglatten Straßen, kann es beim Autofahren und Bremsen große Probleme geben. Deshalb ist es auch zweckmäßig, im Winter andere Reifen zu nutzen als im Sommer. Solche Winterreifen haben andere Profile und eine andere Gummimischung als Sommerreifen.

1 ▸ Bei einem Auto mit Dachladung ist der Luftwiderstand wesentlich größer als bei einem Auto ohne Dachladung.

2 ▸ Reibungskraft F_R und fortbewegende Kraft F sind entgegengesetzt gerichtet. Bei konstanter Geschwindigkeit sind die Kräfte gleich groß.

Besonders wichtig ist die Reibung bei den Bremsen, weil der Bremsweg eines Fahrzeuges davon entscheidend beeinflusst wird.

Unerwünscht ist die Reibung, die während der Fahrt die Bewegung des Autos hemmt. Das ist vor allem die Rollreibung der Räder und der Luftwiderstand (Abb. 1).

Die **Rollreibung** der Räder kann man nur wenig beeinflussen. Ein etwas höherer Reifendruck verringert die Rollreibung, kann aber auch zu einem höheren Verschleiß führen.

Der Luftwiderstand wirkt wie die Reibung bewegungshemmend. Er hängt von der Form des Autos ab und ist beispielsweise bei offenen Fenstern und einer auf dem Dach befestigten Ladung erheblich größer als bei geschlossenen Fenstern und ohne zusätzlichen Dachgepäckträger.

Der Luftwiderstand vergrößert sich mit der Geschwindigkeit des Pkw. Bei $v = 100$ km/h ist der Luftwiderstand eines Pkw etwa 4-mal so groß wie bei 50 km/h, bei 130 km/h etwa 7-mal so groß.

Methode

Projektarbeit

Beim **Bearbeiten von Projekten** geht es darum, eigene Ideen zum Thema zu entwickeln und sich eigene Aufgaben zu stellen, die die jeweilige Gruppe möglichst selbstständig bearbeitet. Dabei wird das Thema von unterschiedlichen Seiten aus betrachtet.

1. Arbeitsschritt: Am besten veranstaltet man zuerst einmal einen Markt der Ideen und wählt daraus die Themenbereiche aus, die die jeweilige Gruppe bearbeiten möchte.

2. Arbeitsschritt: Die Gruppe erstellt einen **Arbeitsplan.** Die Punkte, die unbedingt geklärt werden sollten, sind in der Übersicht unten zu finden.

3. Arbeitsschritt: Die Umsetzung des Arbeitsplanes erfolgt. Treten Fragen auf, kann man sich an den Lehrer wenden.

4. Arbeitsschritt: Nach Beendigung der Gruppenarbeit werden die Ergebnisse präsentiert. Dabei muss man beachten, dass sich die Mitschüler meistens mit anderen Fragestellungen beschäftigt haben.

Die Art der Darstellung muss also in kurzer und logischer Form erfolgen, sodass alle Mitschüler die Versuche und Ergebnisse verstehen und die gewonnenen Erkenntnisse nachvollziehen können.

5. Arbeitsschritt: Abschließend kann eine Wandzeitung angefertigt werden, die einen Gesamtüberblick über die Arbeit der Klasse gibt. Diese wird an gut sichtbarer Stelle im Schulhaus ausgehängt. Möglich ist auch eine Präsentation im Internet, die mit speziellen Programmen gestaltet werden kann.

Themenbereich Reifenprofile

Themenbereich Aquaplaning

Themenbereich Straßenbelag

Themenbereich Schnee und Glatteis

Projekt

1 ▸ Der Neustädter Markt in Dresden war Ende des 18. Jahrhunderts mit Kopfsteinpflaster belegt.

Reibung im Straßenverkehr

Reibung und Straßenbelag

Beim Radfahren auf Straßen, Radwegen, Feld- und Waldwegen müssen wir uns mit unserem Fahrverhalten auf die verschiedenen Fahrbahnen einstellen. Besonders wichtig ist das beim Anfahren und Bremsen sowie bei Kurvenfahrten.

Straßen sind heute meistens mit Beton oder Asphalt überzogen. Früher wurden Straßen gewöhnlich mit Kopfsteinpflaster gebaut (Abb. 1), was man auch heute noch gelegentlich sehen kann. Die Art des Straßenbelags hat Einfluss auf die Reibung zwischen den Rädern eines Fahrzeugs und der Straße.

1. *Erkunde, wie sich der Straßenbelag in den letzten zwei Jahrhunderten verändert hat!*

2. *Stelle in einer Übersicht Materialien für Straßen- und Gehwegbeläge zusammen, die man heute verwendet! Erkunde, wie lange der Belag durchschnittlich hält!*

3. *Warum ist das Fahren mit einem Fahrrad auf einem Sandweg viel anstrengender als auf einer Asphaltstraße?*

Vorsicht beim Fahren auf nassem Kopfsteinpflaster und auf sandigen Wegen!

Das Fahren auf sandigen Wegen ist anstrengender als auf asphaltierten Straßen, weil auf Sandböden die Reibungskraft größer ist.

Vor allem im Herbst und im Winter hört man im Anschluss an den Wetterbericht häufig den Hinweis: Stellen Sie sich mit Ihrem Fahrverhalten auf die veränderten Fahrbahnverhältnisse ein. Dieser Hinweis gilt für alle Verkehrsteilnehmer.

4. *Was bedeuten veränderte Fahrbahnverhältnisse aus physikalischer Sicht? Welche Schlussfolgerungen ergeben sich für dein Verhalten im Straßenverkehr?*

5. *Untersuche in einem Experiment die Abhängigkeit der Haft-, Roll- und Gleitreibung eines Fahrzeugs von der Beschaffenheit des Bodens! Nutze ein Spielzeugauto als Modell!*
   Durchführung:
   a) *Bestimme die Haftreibungskraft jeweils dann, wenn sich das Auto zu bewegen beginnt!*

1

Projekt

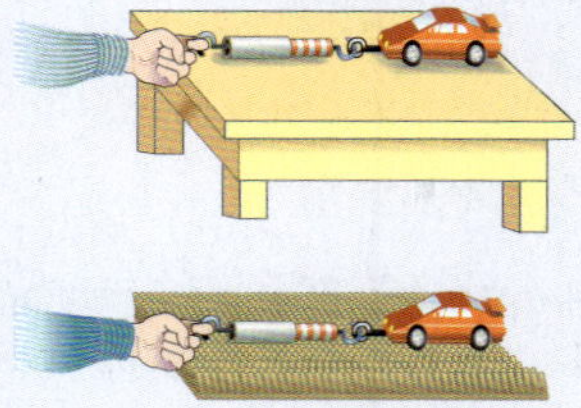

b) *Bestimme die Rollreibungskraft, wenn das Auto gleichmäßig über die Tischplatte bzw. den Teppichboden rollt!*

c) *Bestimme die Gleitreibungskraft! Klebe dazu die Räder so fest an die Karosserie des Autos, dass sie sich nicht drehen können! Ziehe das Auto gleitend über die Tischplatte bzw. den Teppichboden und lies jeweils die Kraft ab!*

Geräte und Materialien: Spielzeugauto, Federkraftmesser, verschiedene Unterlagen

Auswertung:

a) *Vergleiche die Reibungskräfte, die bei der Reibung des Autos auf der Tischplatte und auf dem Teppichboden auftreten!*

b) *Welche Schlussfolgerungen können hinsichtlich des Einflusses des Straßenbelags auf die Reibungskraft abgeleitet werden?*

Regen, Schnee und Glatteis

Nasse bzw. schnee- oder eisbedeckte Fahrbahnen können die Reibung eines Fahrzeugs auf der Straße erheblich verringern. Wenn man diese äußeren Bedingungen nicht beachtet, kann es im Straßenverkehr zu schweren Unfällen kommen.

Fahrräder und andere Zweiradfahrzeuge nicht bei Schnee und Eis benutzen!

6. *Stelle Verhaltensregeln für Fahrzeugführer bei Regen, Schnee und Glatteis auf!*

7. *Untersuche experimentell den Einfluss von Nässe auf die Reibung eines Fahrzeugs mit dem Boden! Nutze dazu ein Spielzeugauto als Modell!*

Reifenprofile

Räder und Reifen von Fahrzeugen sehen ganz verschieden aus. Allein die Reifen von Fahrrädern, z. B. von Mountainbikes, Citybikes, Rennrädern oder Tourenrädern, unterscheiden sich stark voneinander. Auch die Reifen von Pkw sind verschieden. Manche Sportwagen haben sehr breite Reifen. Reifen von Rennautos haben kein Profil, sondern drei oder vier Rillen.

Bei Autorennen ist die Wahl der Reifen für den sportlichen Erfolg sehr wichtig.

8. *Erkunde, welche verschiedenen Arten von Reifen es für Fahrräder gibt und für welche Anforderungen sie besonders geeignet sind!*

Projekt

9. *Für Pkw gibt es Sommer-, Winter- und Allwetterreifen. Stelle in einer Übersicht deren Eigenschaften, Profilformen und Einsatzgebiete zusammen!*

Antischlupf, ABS und Aquaplaning

Damit Fahrzeuge sicher anfahren und bremsen können, müssen Motorkraft und Bremskraft optimal auf die Straße übertragen werden. Ist die Haftreibungskraft zwischen Straße und Reifen zu klein, dann drehen beim Anfahren die Räder durch. Beim Bremsen blockieren sie.

Eine **Antischlupfregelung** sorgt bei modernen Autos dafür, dass die Räder nicht durchdrehen. Beim Bremsen wird ein **A**nti-**B**lockier-**S**ystem (ABS) genutzt.

Anti-Blockier-System: Die Räder blockieren nicht. Das Fahrzeug bleibt auch bei einer Vollbremsung lenkbar. Das ABS wird nur dann wirksam, wenn ein Blockieren der Räder droht.

Besonders gefährlich ist es, wenn bei nasser Fahrbahn Aquaplaning auftritt. Bei Aquaplaning „schwimmen" die Vorderräder auf einem Wasserfilm auf der Fahrbahn. Sie haben also keine Haftung mehr mit der Fahrbahn. Damit ist das Lenken des Fahrzeugs nicht mehr möglich.

10. *Erkunde, wie eine Antischlupfregelung in modernen Pkw funktioniert!*

11. *Warum kann man zügiger anfahren, wenn die Reifen nicht durchdrehen?*
Warum kommt man schneller zum Stehen, wenn beim Bremsen die Räder nicht blockieren?

12. *Wie entsteht das Aquaplaning beim Bremsen auf nassen Fahrbahnen? Welchen Einfluss haben Reifenprofil und Geschwindigkeit auf das Entstehen von Aquaplaning?*

Wintersicherheitsgrenze
Volle Sicherheit bei Frost, Schnee und Matsch gewährleisten Winterreifen nur bis zu einer Profiltiefe von 4 mm.

Sommersicherheitsgrenze
Besonders bei Breitreifen vergrößert sich bei dieser Profiltiefe die Gefahr des Aquaplanings erheblich.

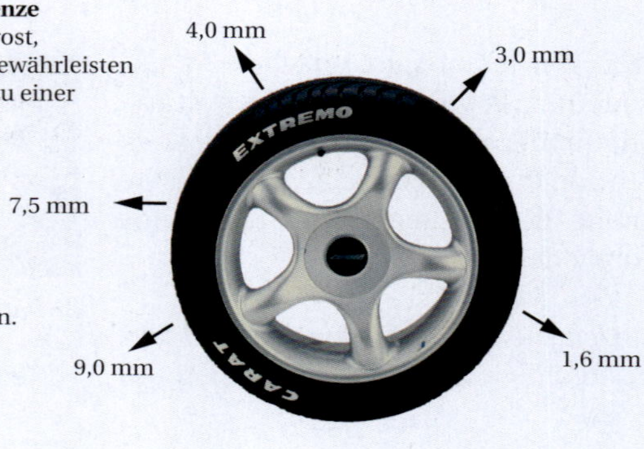

Neue Reifen
Diese haben unterschiedliche Profiltiefen. Mit zunehmendem Verschleiß steigt die Aquaplaninggefahr.

Gesetzliche Mindestprofiltiefe
Diese gewährt nur einen Rest an Sicherheit. Bei geringerer Profiltiefe darf das Fahrzeug nicht mehr gefahren werden.

Experimente

Mechanische Kräfte

Experiment 1

Ein Federkraftmesser hat noch keine Skala.

a) Wie könnte man sich eine solche Skala herstellen?
Als Hilfsmittel stehen dir Wägestücke bekannter Masse und ein Lineal zur Verfügung.

b) Stelle selbst eine solche Skala her!

Experiment 2

Untersuche experimentell, wie sich ein langes Lineal in Abhängigkeit von seiner Belastung durchbiegt!

Bestimme die Durchbiegung s in Abhängigkeit von der Belastung F!

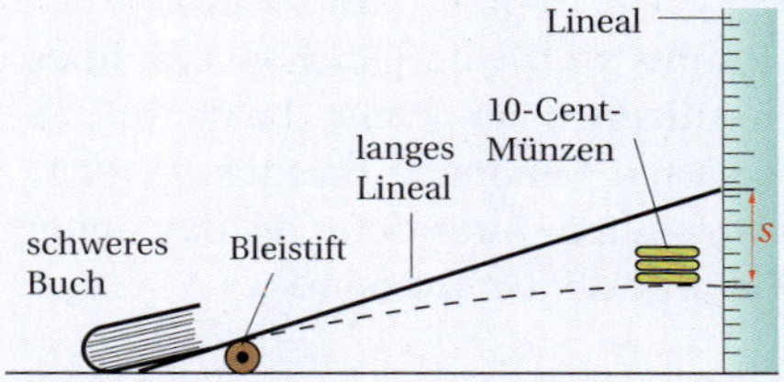

Durchführung:

a) Ordne ein langes und biegsames Lineal so an, wie es die Skizze zeigt!

b) Belaste das Lineal an einem Ende durch 10-Cent-Stücke!

Beachte: Ein 10-Cent-Stück hat eine Gewichtskraft von 0,04 N!

c) Trage die Messwerte in eine Tabelle ein! Übernimm dazu das Muster ins Heft!

d) Führe die gleiche Untersuchung für einen anderen biegsamen Körper durch, z. B. für einen Pappstreifen!

F in N	0,04	0,08	0,12	…
s_1 in cm				
s_2 in cm				

Auswertung:

a) Stelle die Messwerte in einem Kraft-Weg-Diagramm dar!
Interpretiere es!

b) Gilt für das untersuchte Lineal $s \sim F$?
Begründe!

c) Vergleiche die Versuchsergebnisse, die du mit dem Lineal bzw. mit einem anderen biegsamen Körper erhalten hast!

Experiment 3

Schneide Pappe mit einer Schere, indem du die Pappe jeweils unterschiedlich weit in die Schere schiebst!

Auswertung:

Wann fällt es dir leichter?
Was bedeutet das physikalisch?

Experiment 4

Zerbrich einen Zahnstocher, ein Streichholz oder einen dünnen Ast und wiederhole das mit den kleineren Stücken so lange wie möglich!

Auswertung:

Was stellst du fest? Wie kann man das physikalisch erklären?

Experiment 5

Lege einen Radiergummi auf die Mitte eines Lineals!

Verändere ganz allmählich die Neigung des Lineals und beobachte den Radiergummi!

Auswertung:

Was stellst du fest? Erkläre!

Experiment 6

Bestimme experimentell die Reibungskräfte für die Haft- und Gleitreibung eines Holzklotzes auf einer Unterlage aus normalem Papier und aus Sandpapier!

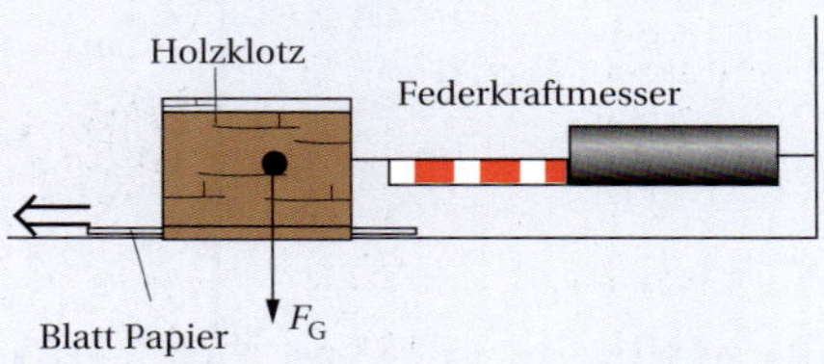

Beachte: Eine Bewegung des Holzklotzes gegenüber seiner Unterlage wird durch gleichmäßiges Ziehen an dem Blatt Papier erreicht!

Auswertung:

Vergleiche die Haft- und Gleitreibungskräfte

a) auf normalem Papier und

b) auf Sandpapier!

Formuliere ein Ergebnis!

Aufgaben

1. Gib jeweils an, welche Körper in den folgenden Situationen aufeinander einwirken und welche Kräfte wirken!

a) Eine Handballspielerin wirft den Ball ab.
b) Ein Baum biegt sich im Wind.
c) Du bremst mit deinem Fahrrad an einer Kreuzung.
d) Du biegst eine Büroklammer aus Metall auf.

2. Suche und erläutere Beispiele, wo im Alltag von Kräften gesprochen wird, aber damit nicht eine Kraft im physikalischen Sinne gemeint ist!

3. Von Ronaldo sagen seine Mitschüler, er sei ein Kraftprotz.
Was meinen sie wohl damit? Versuche eine physikalische Interpretation!

4. In einem Experiment wurde die Dehnung einer Schraubenfeder und eines Gummibands durch verschiedene Wägestücke gemessen.

Kraft in N	Dehnung in cm	
	Feder	Gummiband
0	0	0
0,1	2,1	2,4
0,2	1,9	3,2
0,3	2,1	3,8
0,4	2,0	4,2

a) Stelle die Messwerte in einem Diagramm dar!
b) Warum nutzt man zum Bau von Kraftmessern kein Gummiband, sondern Federn aus Stahl?

5. Erläutere an Beispielen, wie durch das Wirken von Kräften

a) die Bewegung von Körpern,
b) die Form von Körpern,
c) die Bewegung und die Form von Körpern gleichzeitig geändert werden!

6. Moderne Pkw verfügen über eine Knautschzone. Diese dient dem Schutz der Fahrzeuginsassen.

a) Erläutere die Funktion einer solchen Knautschzone! Erfolgt bei einem Unfall eine elastische oder plastische Verformung des Pkw?
b) Wie würde ein Unfall im dichten Straßenverkehr verlaufen, wenn die Karosserien aller Autos elastisch wären?

7. Zwei Autos sind vom gleichen Typ, aber unterschiedlich alt. Wenn beide mit je zwei Kästen Limonade beladen werden, sinkt das ältere Auto tiefer als das neue. Was könnte der Grund sein?

8. Nachfolgend sind einige Kräfte dargestellt. Als Maßstab wurde vereinbart: 0,5 cm entspricht 1 N. Welche Beträge haben die Kräfte F_1 bis F_5? Welche Beträge hätten sie, wenn gilt: 2 cm ≙ 10 N?

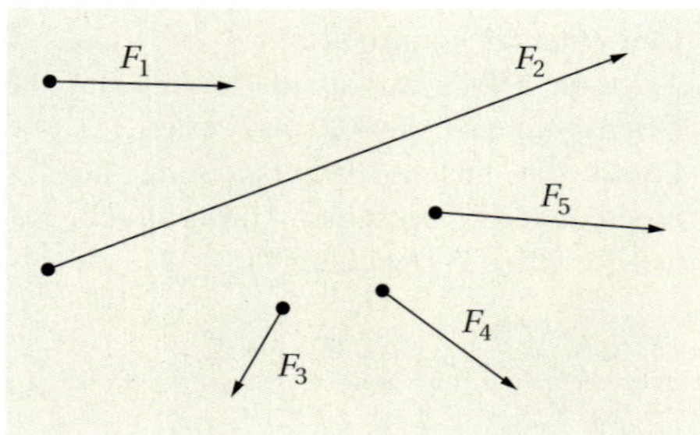

9. An der Skala eines Federkraftmessers kannst du nur noch die Werte 0 N und 8 N erkennen, die übrigen sind nicht mehr lesbar. Wie könntest du die Skala ergänzen, um auf 1 N genau ablesen zu können? Begründe dein Vorgehen!

10. Ein Schüler mit der Masse 42 kg wird von der Erde mit der Gewichtskraft 420 N angezogen. Zieht auch der Schüler die Erde an? Wenn ja, mit welcher Kraft?

11. Die Mondlandeeinheit, mit der Menschen im Jahre 1969 erstmals zum Mond gelangten, hatte eine Masse von 14 700 kg.

a) Wie groß war die Gewichtskraft der Mondlandeeinheit auf der Erde und auf dem Mond?

b) Vergleiche die Gewichtskraft der Mondlandeeinheit mit der eines Pkw (s. S. 11) auf der Erde!

12. Experimentiere „in Gedanken“: Am Südpol beträgt die Gewichtskraft einer Packung Reis genau 10 N. Musst du am Äquator Reis dazugeben oder ausschütten, um wieder genau 10 N zu erhalten?

13. Welcher der Gegenstände auf den Fotos ist ein einseitiger, welcher ein zweiseitiger Hebel? Wo befinden sich die Drehachsen und wo greifen Kräfte an?

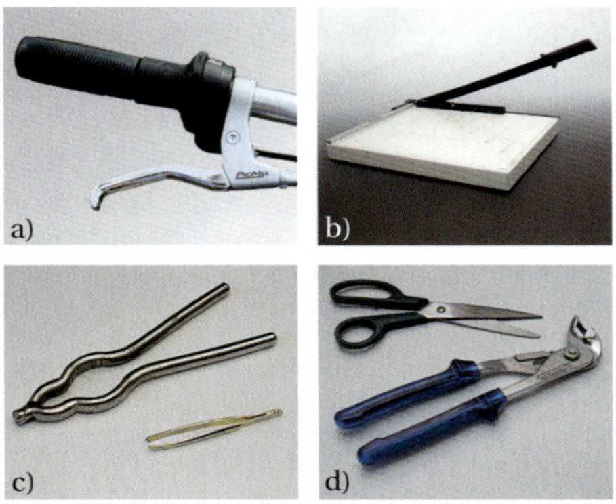

14. Welche Hebel gibt es am Fahrrad? Welche Funktion haben die verschiedenen Hebel am Fahrrad?

15. Warum hat eine Blechschere kurze Schneiden, aber lange Griffe? Begründe das physikalisch!

16. Eine schwere Kiste soll angehoben werden. Dazu kann man eine Brechstange nutzen. Ist es günstiger, eine Brechstange als einseitigen oder als zweiseitigen Hebel zu benutzen (siehe Skizzen unten)? Begründe deine Aussagen!

a) b)

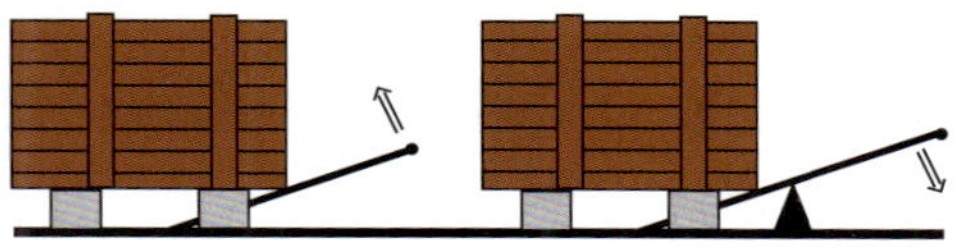

17. Martin ist doppelt so schwer wie Marie. Trotzdem gibt es verschiedene Positionen, wo sie sich auf einer Wippe hinsetzen können, um ins Gleichgewicht zu kommen. Die Wippe ist 4 m lang, die Drehachse befindet sich in der Mitte. Gib drei verschiedene Möglichkeiten an!

18. Um einen Nagel mit einer Zange abkneifen zu können, muss an den Schneiden eine große Kraft wirken. Sage mithilfe der Skizze voraus, wie sich die erforderliche Muskelkraft ändern würde, wenn du dicht an der Drehachse bzw. am Ende der Zange drückst!

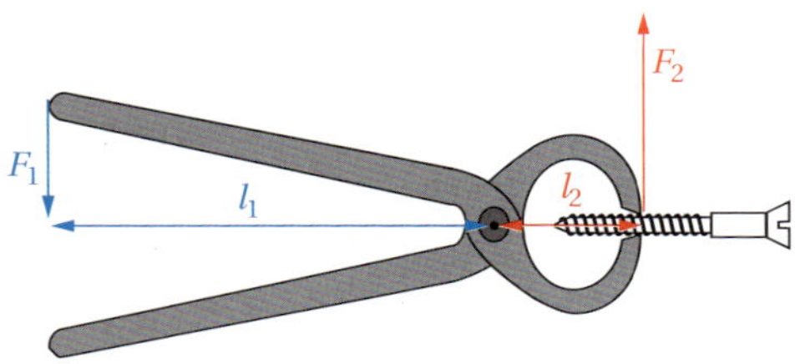

19. In Schwimmhallen rutschst du auf den nassen Fließen leicht aus. Ähnlich ist das bei Ölspuren. Warum ist das so?

20. Will man ein Kind auf einem Schlitten ziehen, so muss man sich zu Beginn mächtig anstrengen. Dann gibt es einen Ruck und die Fahrt geht los. Danach geht es viel leichter.
Erkläre diese Erscheinung!

21. Angenommen, Hasen, Pakete, Katzen und Paul würden alle mit ihren Gewichtskräften am Ende der Wippe angreifen. Finde mindestens eine Lösung, die Paul auf der Wippe im Bild im Gleichgewicht hält!

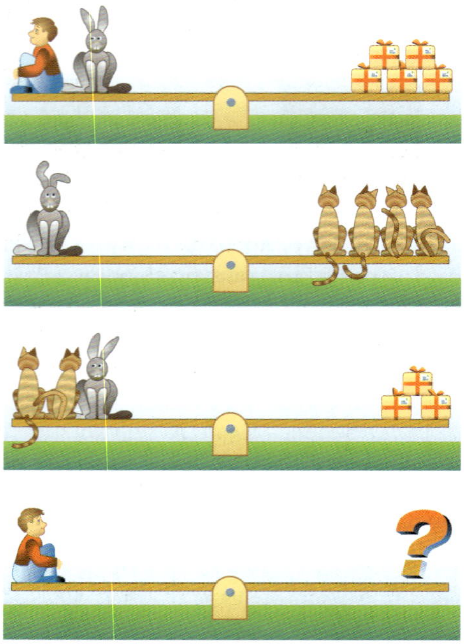

22. Auch unsere Beine und Arme sind Hebel. Wenn das Verhältnis der Hebelarme beim Arm etwa 1 : 8 beträgt, wie groß ist dann die Kraft, die der Bizeps zum Halten eines Eimers Wasser (ca. 10 kg) aufbringen muss?

23. Tim und Tom heben jeder eine schwere Kiste mit Flaschen. Wer von den beiden beachtet besser, dass er seine Wirbelsäule möglichst entlasten sollte? Begründe!

24. Worauf musst du beim Packen und Tragen deiner Schultasche oder deines Rucksacks achten, um deine Wirbelsäule nicht unnötig zu belasten?

25. Ein Skifahrer fährt einen Hang hinab.

Erläutere, welche Kräfte dabei wirken!

26. Schuhsohlen haben ein sehr unterschiedliches Profil. manche Sohlen sind auch ganz glatt.
Wie wirkt sich die Beschaffenheit der Sohlen auf die Haftreibungskraft und damit auf die Sicherheit beim Laufen aus?

27. Beim Inline-Skating ist die Rollreibung relativ klein. Zum schnellen Abbremsen ist aber eine möglichst große Reibungskraft erforderlich. Diskutiere Möglichkeiten, wie man eine große Reibungskraft hervorrufen und damit schnell abbremsen kann!

28. Achsen in Fahrzeugen und Maschinen befinden sich in Kugellagern.
Wie unterscheidet sich die Reibung bei einem Radlager mit Kugellager bzw. ohne Kugellager (s. Abb.)!

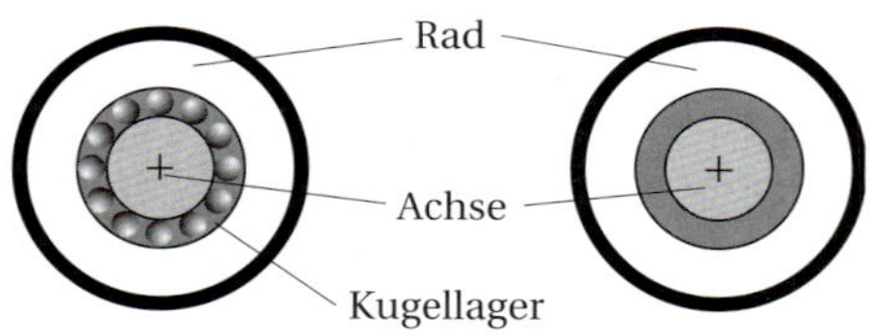

29. Ein schwerer Schrank, der nicht getragen werden kann, soll von der einen Ecke des Zimmers in die andere Ecke transportiert werden. Erläutere, welche Möglichkeiten es dafür gibt!

30. Quietschende Türscharniere ölt man, quietschende Bremsen aber nicht. Begründe!

31. Warum kann man bei nasser Fahrbahn eine Kurve nicht so schnell durchfahren wie bei trockener Fahrbahn?

32. Ein Lkw hat Öl verloren und auf der Straße eine Ölspur hinterlassen.
Warum ist eine solche Ölspur für andere Fahrzeuge, insbesondere für Motorradfahrer und Radfahrer, sehr gefährlich?

33. Viele Autos verfügen über ein **A**nti-**B**lockier-**S**ystem, kurz als ABS bezeichnet. Damit wird verhindert, dass beim starken Bremsen die Räder des Fahrzeuges blockieren.
Erkläre, warum damit die Verkehrssicherheit der Fahrzeuge verbessert wird!

34. Du fährst mit einem Fahrrad auf einem ebenen Radweg. Dann lässt du dich „austrudeln" und kommst nach einigen Dutzend Metern zum Stillstand.

a) Welche Kraft brachte dich und das Fahrrad zum Stehen?
b) Wovon hängt ab, wie weit dein Fahrrad noch rollt?
c) Wieso wurdest du nicht langsamer, als du gleichmäßig in die Pedale getreten hast?

35. Zerknülle eines von zwei Blättern Papier zu einer Kugel! Lass beide aus gleicher Höhe fallen! Was beobachtest du? Versuche, eine Erklärung mithilfe der Reibung zu finden!

36. Du stehst bis zum Hals im Wasser. Wenn du dann gehen willst, musst du dich mächtig anstrengen. Warum?

37. Ein Sportreporter kommentiert das Aussehen der Radrennfahrer als immer „windschnittiger". Was meint er damit?

38. Ein Holzklotz wird über einen Holztisch gezogen. Er drückt mit der Gewichtskraft F_G von 0,5 N auf die Unterlage. Die dabei wirkende Gleitreibungskraft F_R beträgt 0,3 N. Nun wird der Holzklotz nacheinander mit Wägestücken von jeweils 50 g beschwert und wieder die Gleitreibungskraft gemessen. Die Tabelle zeigt alle Messwerte.

F_G in N	0,5	1,0	1,5	2,0	2,5
F_R in N	0,3	0,5	0,7	1,0	1,3

a) Zeichne die Messwerte in ein Diagramm!
b) Welcher Zusammenhang besteht zwischen der Gewichtskraft und der Gleitreibungskraft?

39. Informiere dich z. B. unter der Adresse **www.schuelerlexikon.de** über den Aufbau und die Wirkungsweise einer Scheibenbremse, wie sie bei Pkw genutzt wird! Bereite dazu einen Kurzvortrag vor! Stelle dabei auch dar, welche anderen Arten von Bremsen es gibt!

40. Reibung ist teilweise nützlich und erwünscht, teilweise auch störend und unerwünscht. Bereite einen Kurzvortrag zum Thema Reibungskräfte vor! Suche Beispiele aus Natur, Technik und Alltag für erwünschte und unerwünschte Reibung! Nutze auch das Internet, z. B. die Adresse **www.schuelerlexikon.de!**

Das Wichtigste auf einen Blick

Mechanische Kräfte

Kräfte können bewirken

- eine Änderung der Bewegung von Körpern (Schnelligkeit oder Richtung der Bewegung oder beides)
- eine Änderung der Form von Körpern (plastische oder elastische Verformung)

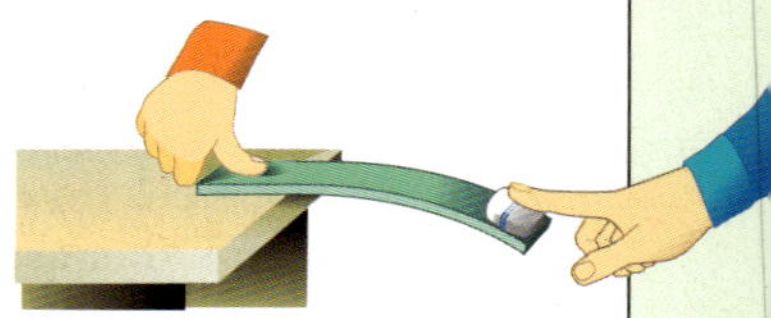

Die Kraft $\vec{F}$ ist eine gerichtete Größe.
Sie gibt an, wie stark zwei Körper wechselseitig aufeinander einwirken.

Einheit: 1 Newton (1 N)
Messgerät: Federkraftmesser

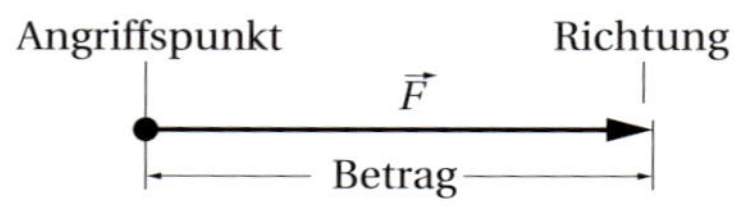

Wichtige Arten von Kräften sind die **Gewichtskraft** und die **Reibungskraft.**

Gewichtskraft F_G
Ein Körper der Masse 1 kg hat eine Gewichtskraft von etwa 10 N.
Ursache der Gewichtskraft ist die Massenanziehung zwischen dem Körper und der Erde.

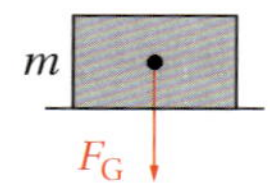

Reibungskraft F_R
Reibungskräfte wirken immer so, dass sie die Bewegung von Körpern verhindern oder hemmen.

Hebel sind wie Rollen und geneigte Ebenen kraftumformende Einrichtungen.

zweiseitiger Hebel

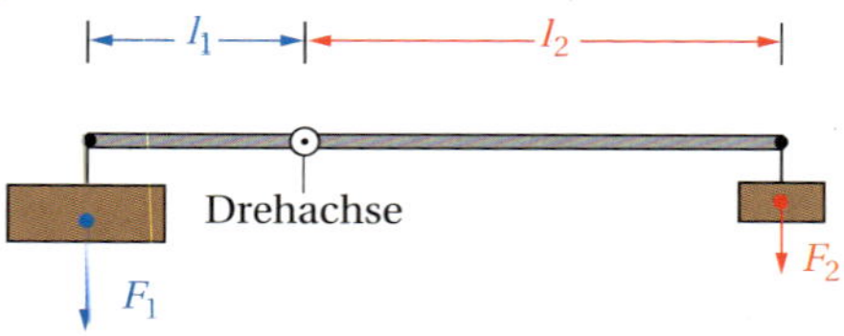

einseitiger Hebel

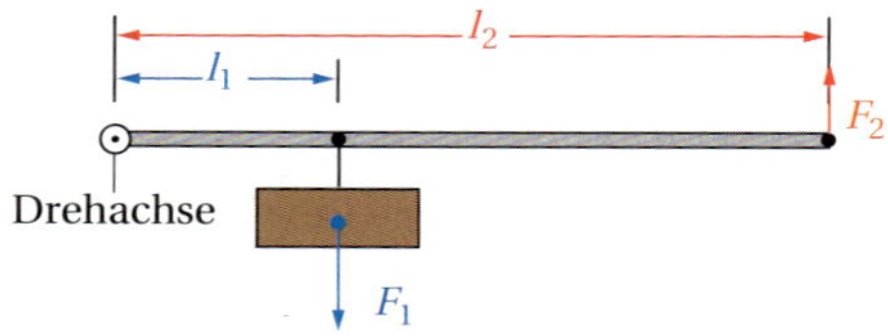

Hebelgesetz: Im Gleichgewicht gilt $F_1 \cdot l_1 = F_2 \cdot l_2$

1

1.2 Magnetische Kräfte

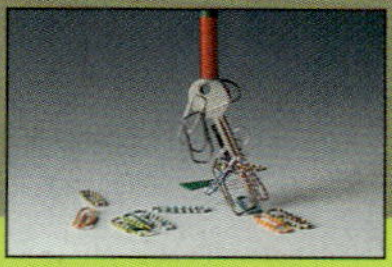

„Kräftige“ Magnete ▸▸ Wenn man Magnete in die Nähe von Eisenfeilspänen bringt, werden diese Späne angezogen. Das geschieht aber nicht gleichmäßig: Von einigen Stellen des Magneten werden die Späne stark angezogen, von anderen weniger. Außerdem bilden sie ein besonderes „Muster“, das für diesen Magneten typisch ist.
Wie sind diese Erscheinungen zu erklären?

„Eigensinnige“ Magnete ▸▸ Eine drehbar gelagerte Magnetnadel kehrt immer wieder in eine bestimmte Lage zurück, unabhängig davon, in welche Richtung sie ausgelenkt wurde. Das ist hilfreich, um sich in unbekanntem Gelände oder auf dem Meer zu orientieren: Eine drehbar gelagerte Magnetnadel in einem Kompass zeigt immer die Nord-Süd-Richtung an.
Wie kommt es zu der Ausrichtung der Kompassnadel?

Magnete und ihre Wirkungen

Es gibt Körper, die eine besondere Eigenschaft besitzen. Sie ziehen andere Körper an.

Magnete sind Körper, die andere Körper aus Eisen, Nickel oder Cobalt anziehen.

Magnetit ist ein Eisenerz, das häufig magnetisch ist.

Körper, die diese magnetische Eigenschaft auf Dauer oder über sehr lange Zeit besitzen, nennt man **Dauermagnete** oder **Permanentmagnete.**

Dauermagnete bestehen ebenfalls aus Eisen, Nickel oder Cobalt. Sie können verschiedene Formen haben (Abb. 1). Weit verbreitet sind Stabmagnete und Hufeisenmagnete, aber auch kreisförmige Magnete.
Dauermagnete werden heute meist aus speziellen Legierungen (Eisen-Nickel, Eisen-Aluminium) hergestellt.

Körper aus Eisen, Nickel und Cobalt werden in der Nähe eines starken Magneten selbst magnetisch.

Körper, die von Magneten angezogen werden, sind auch selbst magnetisierbar.

Diese Eigenschaft von Körpern aus Eisen, Nickel und Cobalt, den **ferromagnetischen Stoffen,** ergibt sich aus ihrem speziellen Aufbau. Ferromagnetische und damit magnetisierbare Stoffe bestehen aus winzigen Bereichen, von denen sich

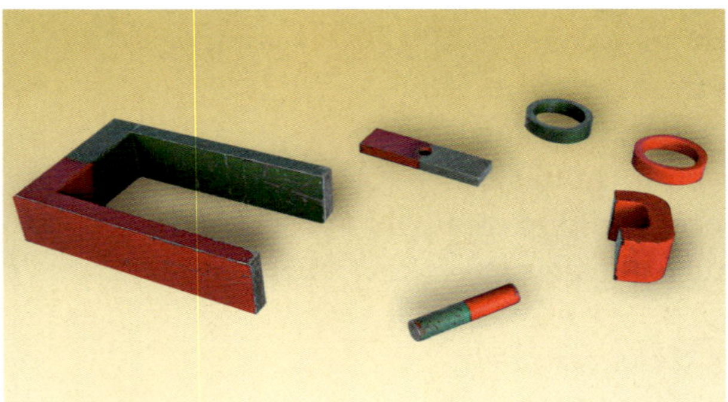

1 ▸ Dauermagnete unterschiedlicher Form

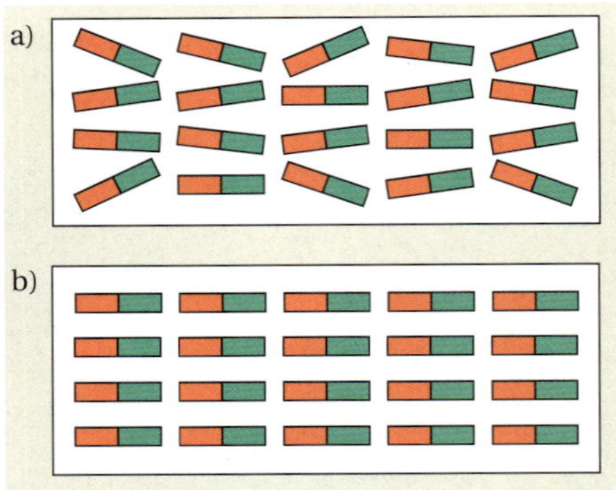

2 ▸ Unmagnetisiertes (a) und magnetisiertes (b) Eisen im Modell

jeder wie ein kleiner Magnet verhält. Im unmagnetisierten Zustand sind diese **Elementarmagnete** völlig ungeordnet (Abb. 2a). Der Körper ist deswegen nach außen hin unmagnetisch. Das ist bei vielen Körpern aus Eisen oder Stahl (Nägel, Rohre, Stäbe) der Fall. Unter dem Einfluss eines Magneten können sich die Elementarmagnete ausrichten (Abb. 2b). Der Körper wird selbst magnetisch.

Die Ausrichtung der Elementarmagnete und damit der Magnetismus des Körpers geht verloren, wenn man einen Magneten zu stark erhitzt oder starken Erschütterungen aussetzt, ihn z. B. mit einem Hammer bearbeitet.

Lassen sich in einem Stoff die Elementarmagnete leicht ausrichten, so bezeichnet man diesen Stoff als **magnetisch weich.** Diese Ausrichtung geht aber auch leicht wieder verloren. Ein Stoff, für den das zutrifft, ist z. B. Weicheisen, das man für die Herstellung von Spulenkernen für Elektromagnete, Transformatoren, Elektromotoren und Generatoren verwendet.

Stoffe, bei denen die Ausrichtung der Elementarmagnete nur unter dem Einfluss starker Magnete erfolgt und lange Zeit erhalten bleibt, bezeichnet man als **magnetisch hart.** Aus solchen Stoffen stellt man Dauermagnete her, die z. B. als Haftmagnete verwendet werden.

Magnetspeicher

Um Ton- und Bildinformationen zu speichern, müssen diese als Signale auf ein entsprechendes Speichermedium geprägt werden, von dem sie auch wieder abgerufen werden können. Weit verbreitet sind Magnetspeicher. Zu solchen Speichern gehören **Magnetbänder** für Tonbandgeräte, Diktiergeräte, Videorecorder und Camcorder sowie **Magnetplatten** bei Disketten und Festplatten von Computern.

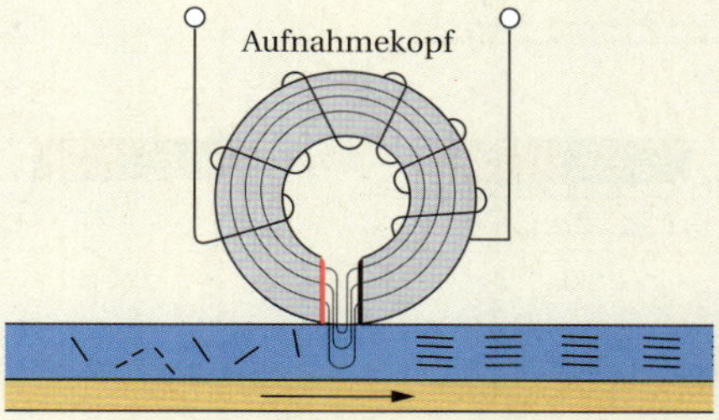

1 ▸ Aufnahme bei einem Magnetband

Auf Magnetbänder können analoge oder digitale Signale gespeichert werden. Auf Disketten und Festplatten speichert man digitale Signale, weil nur diese von Computern verarbeitet werden können. Die Festplatte eines Computers besteht meist aus mehreren übereinander angeordneten Magnetplatten.

2 ▸ Das Speichermedium einer Diskette ist eine Magnetplatte.

Das Grundprinzip der magnetischen Speicherung ist überall gleich: Auf eine Trägerschicht ist eine sehr dünne, magnetisierbare Schicht aufgebracht, die häufig aus Cobalt und Nickel besteht. Die Elementarmagnete dieser Schicht sind zunächst ungeordnet. Zum Speichern wird das Magnetband oder die Magnetplatte an einer Spule, dem Aufnahme- oder Schreibkopf, vorbeigeführt (Abb. 1). Durch das Magnetfeld dieser Spule, das sich entsprechend den Signalen ändert, erfolgt eine Ausrichtung der Elementarmagnete und damit eine Magnetisierung. Das Abbild des Signals ist in der Ausrichtung der Elementarmagnete gespeichert. Durch starke Magnetfelder kann sich diese Ausrichtung ändern. Deshalb gilt:

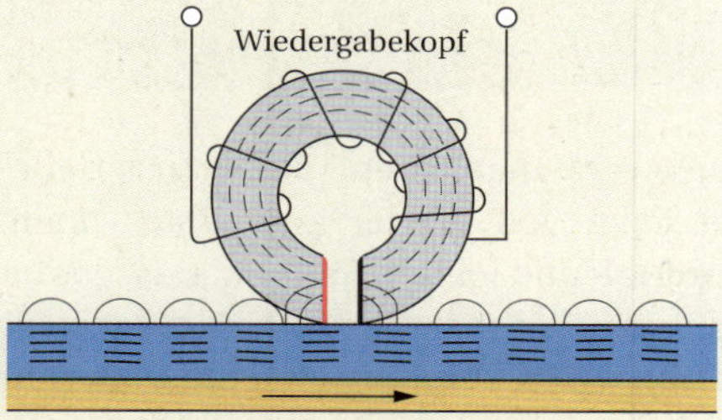

3 ▸ Wiedergabe bei einem Magnetband

Magnetspeicher dürfen keinen starken Magnetfeldern ausgesetzt werden.

Beim Auslesen des Signals wird das magnetisierte Band am Wiedergabe- oder Lesekopf vorbeigeführt (Abb. 3), wobei durch die sich ändernden Magnetfelder in der Spule eine Spannung hervorgerufen wird, die ein Abbild der gespeicherten Informationen ist.

Bei **Videobändern** wendet man wegen der großen Datenmengen folgenden Trick an: Aufnahme- und Wiedergabeköpfe sind auf einer Trommel befestigt, die mit 1500 U/min rotiert. Die Daten werden in Schrägspuren nebeneinander auf dem Videoband gespeichert (Abb. 4).

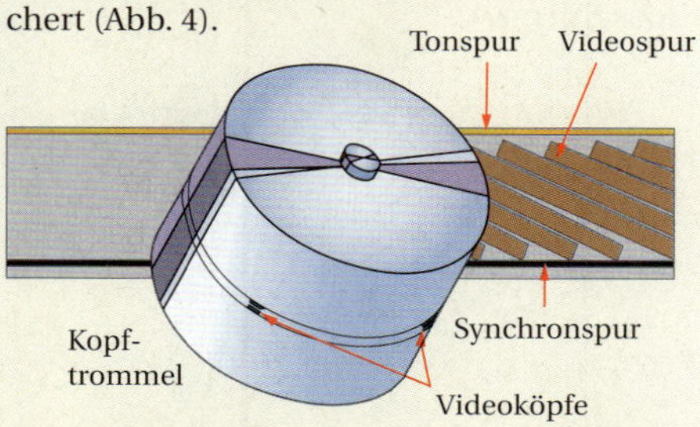

4 ▸ Bei Videobändern wendet man das Schrägspurverfahren an.

Eigenschaften von Magneten

Magnete ziehen Körper aus ferromagnetischen Stoffen an. Diese Anziehung ist nicht an allen Stellen des Magneten gleich stark. An bestimmten Stellen ist die Anziehung am größten. Bei Stabmagneten und Hufeisenmagneten sind es die Enden (Abb. 1). Diese Stellen, an denen die stärksten anziehenden Kräfte wirken, nennt man **Pole** des Magneten.

> **Jeder Magnet hat zwei Pole, den Nordpol und den Südpol. An den Polen ist die Anziehungskraft am größten.**

Permanentmagnet aus einem Fahrraddynamo

Auch wenn man einen Magneten zerteilt, hat jeder Teil wieder zwei Pole, einen **Nordpol** und einen **Südpol.** Das ergibt sich aus dem Aufbau eines Magneten (s. Abb. 2b, S. 34). Magnete, die mehr als ein Polpaar besitzen, verwendet man z. B. bei Fahrraddynamos.

Magnete können sich anziehen oder abstoßen, je nachdem, welche Pole sich gegenüberstehen (Abb. 2). Dazu müssen sie sich nicht berühren. Magnete wirken durch Luft, Wasser, Holz, Glas und viele andere Stoffe hindurch.
Nur Gegenstände aus ferromagnetischen Stoffen können nicht durchdrungen werden. Besonders gut zur **magnetischen Abschirmung** eignen sich Körper aus weichmagnetischen Stoffen. Deshalb werden empfindliche Messgeräte und Anlagen mit Blechen aus Weicheisen abgeschirmt.

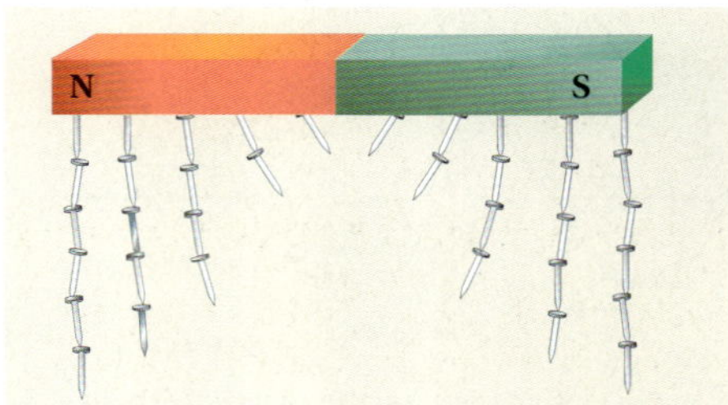

1 ▸ An den Polen eines Magneten sind die magnetischen Kräfte am größten.

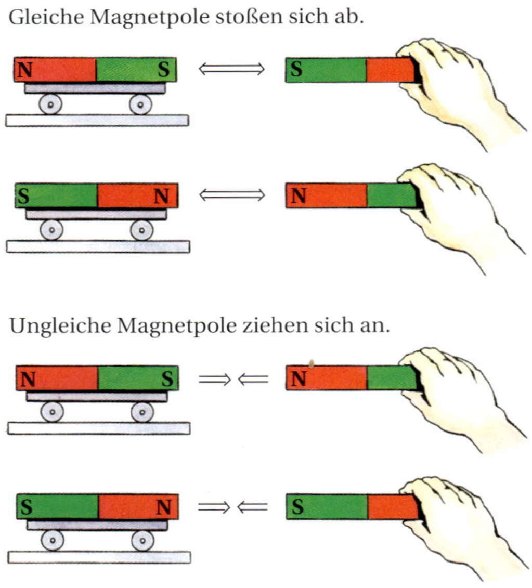

2 ▸ Kräfte zwischen Magneten

Mit zunehmendem Abstand der Magnete voneinander nehmen die Kräfte ab, die Magnete aufeinander und auf ferromagnetische Stoffe ausüben.

Das magnetische Feld

Ein Magnet verändert den Raum um sich herum, in dem er sich befindet. An jeder Stelle des Raumes übt der Magnet eine Kraft auf andere Magnete bzw. auf Körper aus Eisen, Nickel oder Cobalt aus. Man sagt, er erzeugt in seiner Umgebung ein **Magnetfeld** oder **magnetisches Feld.**

> **Ein magnetisches Feld existiert im Raum um einen Magneten, in dem auf andere Magnete bzw. auf Körper aus ferromagnetischen Stoffen Kräfte ausgeübt werden.**

Weil sich die Körper bei der Kraftübertragung nicht berühren, führt man diese Wirkung auf das Magnetfeld zurück, das vom ersten Magneten erzeugt wurde.

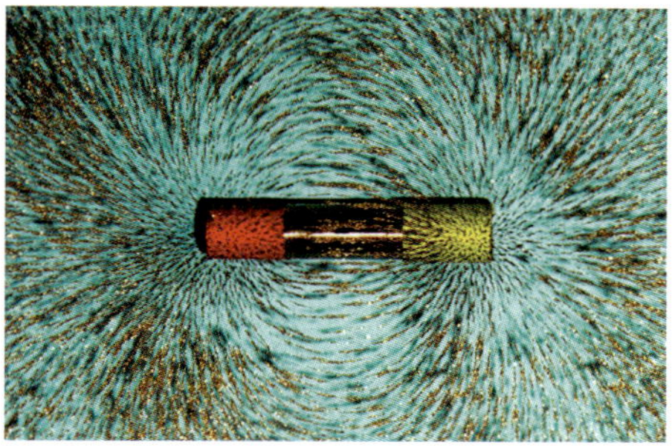

1 ▸ Eisenfeilspäne im magnetischen Feld eines Stabmagneten

Ein magnetisches Feld lässt sich durch das Ausrichten magnetischer Körper (z. B. kleiner Magnetnadeln) oder durch Kräfte auf Körper aus ferromagnetischen Stoffen nachweisen. Legt man auf einen Magneten eine Glasplatte oder ein Blatt Papier und streut darauf Eisenfeilspäne, dann richten sich die Eisenfeilspäne in bestimmter Weise aus. Es ergibt sich ein typisches Bild (Abb. 1).

Zeichnet man anstelle der Ketten aus Eisenfeilspänen Linien, so erhält man ein **Feldlinienbild** dieses Feldes (Abb. 2).

M

Ein magnetisches Feld lässt sich mithilfe eines Feldlinienbildes veranschaulichen. Das Feldlinienbild ist ein Modell des Feldes.

Den Verlauf der Feldlinien erhält man auch, wenn man kleine, drehbare Magnetnadeln in die Nähe des Magneten bringt (Abb. 3).

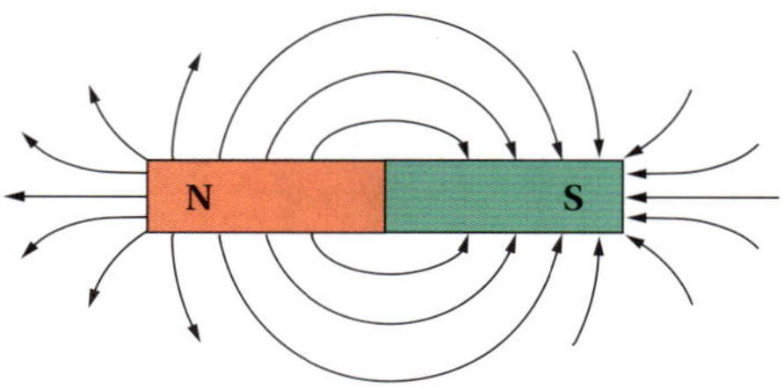

2 ▸ Feldlinienbild eines Stabmagneten: Die Feldlinien verlaufen vom Nord- zum Südpol.

Umgekehrt kann man aus einem Feldlinienverlauf schließen, wie sich kleine Magnetnadeln im Magnetfeld ausrichten werden. Die Pfeilspitzen an den Feldlinien geben die Richtung der Kraft am Ort der Feldlinie auf den Nordpol des kleinen Magneten an. Sind in bestimmten Bereichen besonders viele Feldlinien zu beobachten, dann kann man folgern, dass dort das Feld besonders stark ist.

Das „Muster" der Feldlinien lässt auf die Form der Magnete schließen.

Das Modell Feldlinienbild

Jedes Modell ist eine Vereinfachung der Wirklichkeit, so auch das Feldlinienbild eines Magnetfeldes. Es wurde so gebildet, dass es in wichtigen Eigenschaften mit der Wirklichkeit übereinstimmt, in anderen nicht.

Aus einem Feldlinienbild ist z. B. erkennbar,

- in welcher Richtung Kräfte auf kleine Magnete wirken, die sich in der Nähe des Magneten befinden, und
- an welchen Stellen das Magnetfeld stärker oder schwächer ist.

Verlaufen die Feldlinien parallel, so ist die Stärke des Magnetfeldes überall gleich groß. Ein solches Feld wird als **homogenes Feld** bezeichnet.

Die Grenzen dieses Modells bestehen u. a. darin, dass

- das Magnetfeld im gesamten Raum um einen Magneten vorhanden ist und nicht nur in einer Ebene,
- das Magnetfeld auch zwischen den Feldlinien existiert und
- keine Aussage über die absolute Stärke des Magnetfeldes gemacht werden kann.

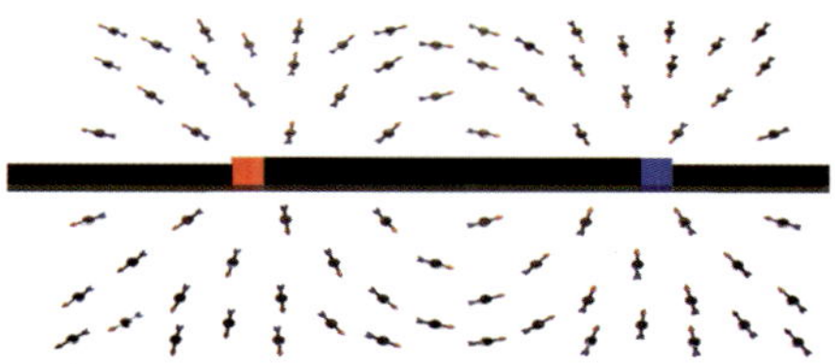

3 ▸ Kleine Magnete richten sich in einem Magnetfeld längs der Feldlinien aus.

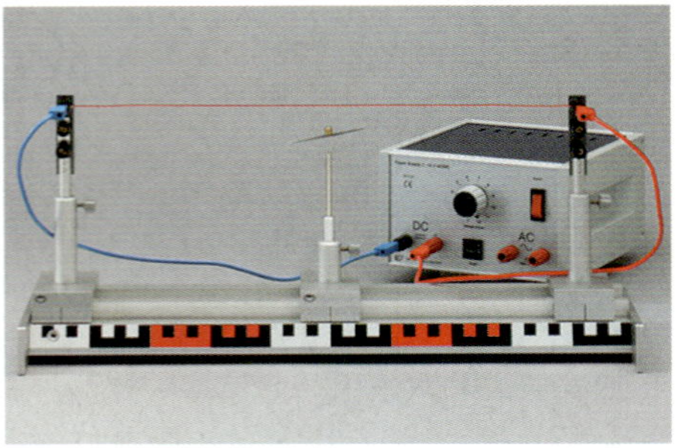

1 ▸ Eine Magnetnadel wird in der Nähe eines stromdurchflossenen Leiters abgelenkt.

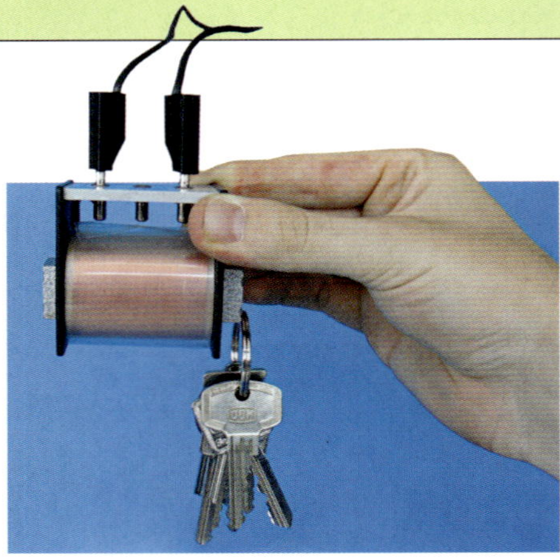

3 ▸ Ein einfacher Elektromagnet besteht aus einer stromdurchflossenen Spule mit Eisenkern.

Magnetfelder stromdurchflossener Leiter

1820 entdeckte der dänische Physiker HANS CHRISTIAN OERSTED (1777–1851), dass eine Magnetnadel in der Nähe eines stromdurchflossenen Leiters abgelenkt wird (Abb. 1). Ein solcher Leiter wirkt wie ein Magnet (Abb. 2). Besonders stark ist die magnetische Wirkung, wenn der Leiter als Spule aufgewickelt ist und einen Eisenkern enthält. Man nennt eine solche stromdurchflossene Spule mit Eisenkern einen **Elektromagneten** (Abb. 3).

> **Um stromdurchflossene, gerade Leiter und stromdurchflossene Spulen existiert ein Magnetfeld.**

Schaltet man den Strom ab, hört die magnetische Wirkung auf. Das Magnetfeld einer stromdurchflossenen Spule kann mithilfe eines Feldlinienbildes veranschaulicht werden (Abb. 4).

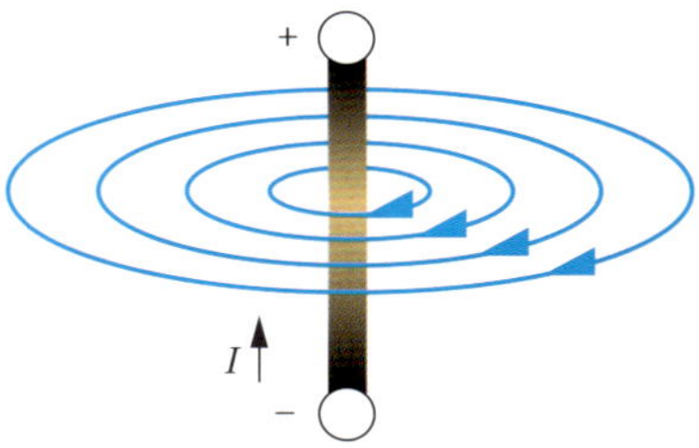

2 ▸ Feldlinienbild um einen stromdurchflossenen, geraden Leiter

Es hat eine ähnliche Form wie das Magnetfeld eines Stabmagneten. Die Feldlinien sind geschlossen. Auch einem Elektromagneten kann man einen Nordpol und einen Südpol zuordnen. Mit der Änderung der Polung ändert sich die Lage von Nord- und Südpol.

> **Die Stärke des Magnetfeldes um eine stromdurchflossene Spule ist umso größer,**
> - **je größer die Stromstärke in der Spule ist,**
> - **je größer die Windungszahl der Spule ist und**
> - **je kürzer die Spule ist.**
>
> **Ein Eisenkern in der Spule verstärkt das Magnetfeld deutlich.**

Im Innern einer Spule bzw. in einem Eisenkern ist die Stärke des Magnetfeldes überall gleich (Abb. 4). Es ist ein **homogenes Magnetfeld.**

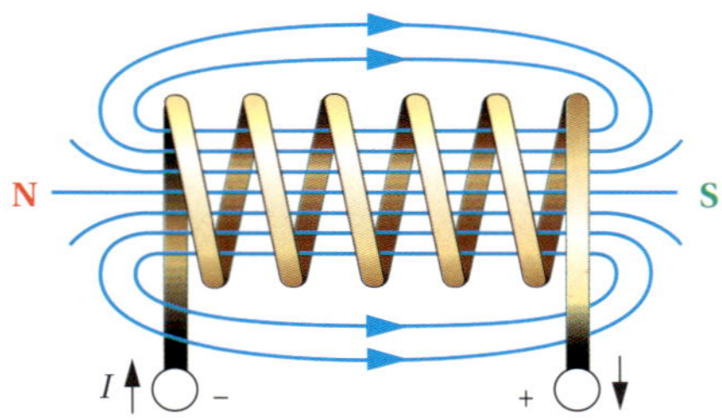

4 ▸ Feldlinienbild innerhalb und um eine stromdurchflossene Spule

Physik in Natur und Technik

Ein Elektromagnet als Kran

Große Elektromagnete werden genutzt, um schwere Lasten zu heben und zu transportieren. Solche Lasthebemagnete werden vor allem auf Schrottplätzen, in Stahlwerken und auf Baustellen eingesetzt (Abb. 1).

Wie ist ein Lasthebemagnet aufgebaut? Wie kann man seine Wirkungsweise erklären?

1 ▸ Lasthebemagnet auf einem Schrottplatz und sein Aufbau

Lasthebemagnete nutzen die magnetische Wirkung des elektrischen Stroms. Sie hängen am Haken eines Krans. Ein Lasthebemagnet besteht aus einer Spule und einem Eisenkern (Abb. 1). Wegen der Form des Eisenkerns nennt man sie auch Topfmagnete.

Fließt durch die Spule ein Strom, so bildet sich um die Spule ein Magnetfeld. Die Stärke des Magnetfeldes der Spule wird sehr groß, weil die Stromstärke und die Anzahl der Windungen groß sind und die Spule einen Eisenkern hat. Dieser Eisenkern besteht aus Weicheisen und wird im Feld der Spule magnetisiert. Dadurch werden große magnetische Kräfte erzeugt, sodass Körper aus Eisen und Stahl angezogen werden können.

Beim Abschalten des Stroms fallen sie ab, weil auch der Kern aus Weicheisen seine magnetische Wirkung wieder verliert.

Methode

Beschreiben des Aufbaus eines technischen Gerätes und Erklären seiner Wirkungsweise

1. Gehe vom Verwendungszweck des technischen Gerätes aus!
2. Beschreibe die Teile des Gerätes, die für das Wirken physikalischer Gesetze wesentlich sind!
   Lasse dabei die technischen Details des Gerätes unberücksichtigt!
3. Führe die Wirkungsweise des Gerätes auf physikalische Gesetze zurück!
   Beachte dabei auch die Bedingungen für die Gültigkeit der Gesetze!

Ein klingender Magnet

Das wichtigste Bauteil in einer elektrischen Klingel und in einem Türgong (Abb. 2) ist ein Elektromagnet. Ein Türgong erzeugt z. B. die zwei typischen Klänge „Ding“ und „Dong“.

Beschreibe den Aufbau eines solchen elektrischen Türgongs und erkläre seine Wirkungsweise!

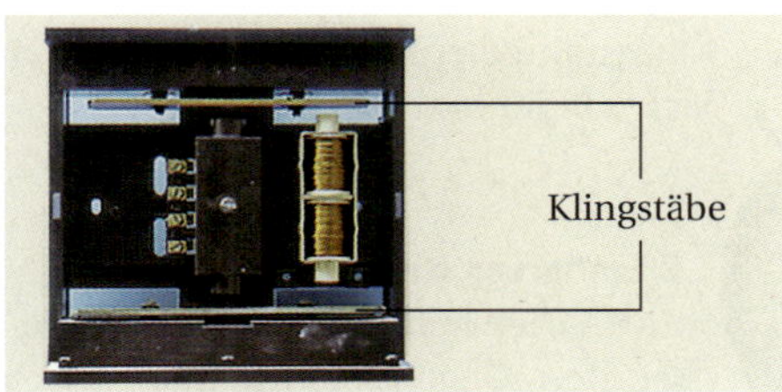

2 ▸ Türgong (auseinandergebaut)

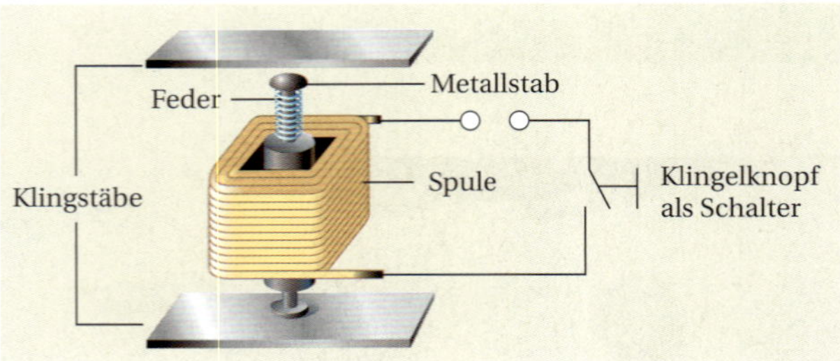

1 ▸ Aufbau eines Türgongs

In einem elektrischen Türgong wird zur Klangerzeugung die magnetische Wirkung des elektrischen Stroms genutzt.

Der Türgong enthält einen Stromkreis mit einer Spule. In der Spule befindet sich ein Metallstab, der auf einer Feder gelagert ist. Oberhalb und unterhalb der Spule sind die Klingstäbe angebracht (Abb. 1).

Die Spule befindet sich in einem Stromkreis mit einer elektrischen Quelle und einem Schalter, dem Klingelknopf.

Wird durch die Betätigung des Klingelknopfes (Schalter) der Stromkreis geschlossen, so fließt ein elektrischer Strom. Durch die magnetische Wirkung des elektrischen Stromes wird die Spule zu einem Elektromagneten. Der Elektromagnet übt eine Kraft auf den in der Spule befindlichen Metallstab aus, sodass dieser gegen den Klingstab stößt.

Dabei wird der Metallstab zunächst gegen den einen Klingstab gelenkt. Nach Loslassen des Klingelknopfes wird der Stromkreis geöffnet und die magnetische Wirkung auf den Metallstab hört auf.

Durch die Feder wird der Metallstab zurückgezogen und gegen den anderen Klingstab gelenkt. Danach bewegt er sich wieder in die Ruhelage.

Orientierung mit dem Kompass

Zur Orientierung in einer unbekannten Gegend kann man Karte und **Kompass** nutzen (Abb. 2).

Insbesondere ist es möglich, mithilfe eines Kompasses die Himmelsrichtungen zu bestimmen, sich zu orientieren und die künftige Marschrichtung festzulegen. *Wie ist ein Kompass aufgebaut? Wie funktioniert er?*

Ein Kompass dient zur Bestimmung der Himmelsrichtungen.

Er besteht aus einer drehbar gelagerten kleinen Magnetnadel und einer Skala mit den Himmelsrichtungen, die ebenfalls drehbar sein kann. Die Bauformen können dabei sehr unterschiedlich sein. Meist ist die Kompassnadel auf einer Spitze leicht drehbar gelagert, so wie das bei dem unten abgebildeten Kompass ist. Es gibt auch Kompasse, bei denen die Magnetnadel in Form einer Kugel ausgebildet und leicht drehbar in einer Flüssigkeit gelagert ist.

Der prinzipielle Aufbau eines Kompasses ist im Verlauf der Geschichte immer gleich geblieben.

Es gilt als wahrscheinlich, dass die Chinesen den Kompass erfunden haben. Bereits vor mehr als Tausend Jahren nutzten sie die ersten Kompasse. Erst im 12. Jahrhundert drang die Kunde davon nach Europa.

Um sich mit einem Kompass im Gelände orientieren zu können, nutzt man aus, dass die Erde selbst ein großer, aber nicht sehr starker Magnet ist.

2 ▸ Orientierung mit dem Kompass: Die Nadel richtet sich in Nord-Süd-Richtung aus.

Die Erde besitzt einen magnetischen Nordpol und einen magnetischen Südpol, wobei die magnetischen Pole in der Nähe der geografischen Pole liegen. Jedoch liegt der magnetische Nordpol in der Nähe des geografischen Südpols und der magnetische Südpol beim geografischen Nordpol (Abb. 1).

Im Magnetfeld der Erde richtet sich die drehbar gelagerte Magnetnadel entsprechend der Richtung der Feldlinien dieses Magnetfeldes aus.
Der Nordpol der drehbaren Magnetnadel zeigt in Richtung des magnetischen Südpols der Erde, der Südpol der Magnetnadel in Richtung des magnetischen Nordpols der Erde (Abb. 2).

Da die geografischen Pole und die magnetischen Pole der Erde nicht zusammenfallen, zeigt eine Magnetnadel nicht genau in Nord–Süd-Richtung. Wie groß diese Abweichung ist, hängt ab von dem Ort, an dem sich der Kompass befindet.

Für Dresden beträgt diese Abweichung ca. 2°. Für einen Ort nördlich von Dresden wird die Abweichung größer, für einen südlich gelegenen Ort kleiner.

Abweichungen können bei der Anzeige auch auftreten, wenn sich der Kompass in der Nähe eiserner Zäune oder Heizkörper befindet.

Diese Körper sind im Laufe der Zeit unter dem Einfluss des Magnetfeldes der Erde selbst zu schwachen Magneten geworden und können die Anzeige verfälschen, ebenso stromdurchflossene Leiter.

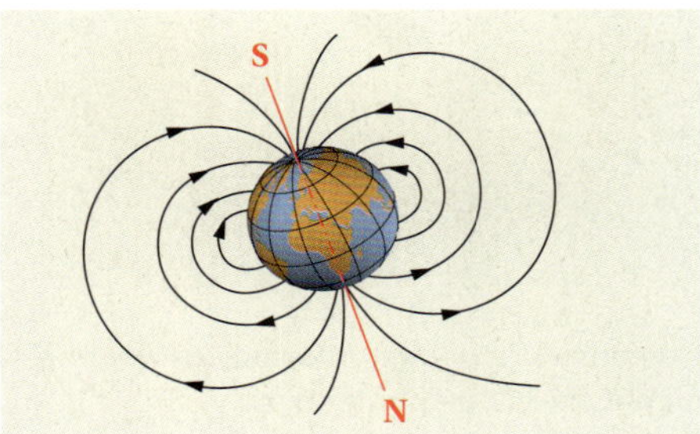

1 ▸ Magnetfeld der Erde in Erdnähe: Es ähnelt dem Magnetfeld eines Stabmagneten.

Besonderheiten des Magnetfeldes der Erde

Eine Besonderheit des Magnetfeldes der Erde besteht darin, dass seine Stärke täglichen und jährlichen Schwankungen unterliegt.
Eine andere Besonderheit ist die, dass die Lage der magnetischen Pole nicht konstant ist, sondern sich im Laufe von Jahrzehnten ändert.
Im Zusammenhang mit Sonnenflecken kann es auch zu kurzzeitigen Veränderungen und Störungen des Erdmagnetfeldes kommen (magnetische Stürme).
Von der Sonne geht ständig ein Strom von Teilchen aus, den man als Sonnenwind bezeichnet. Dieser Sonnenwind führt zu einer Verformung des Magnetfeldes der Erde. Auf der sonnenzugewandten Seite wird es zusammengedrückt, auf der sonnenabgewandten Seite reicht es weit in den Weltraum.

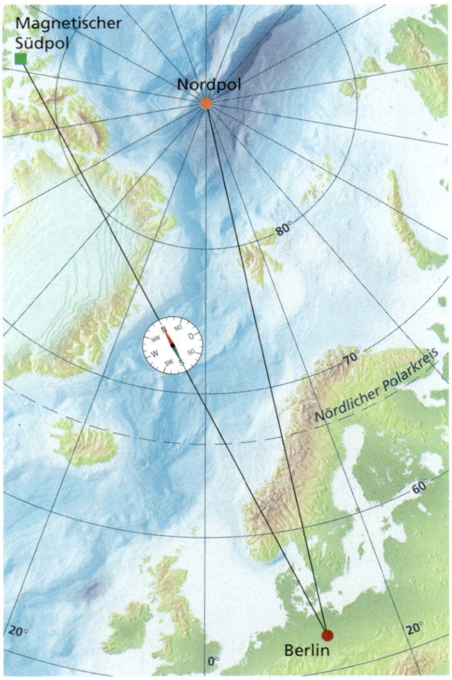

2 ▸ Geografischer Nordpol und magnetischer Südpol sind ca. 2 000 km voneinander entfernt.

Experimente

Magnete und magnetisches Feld

Experiment 1
Untersuche, ob Gegenstände wie Büroklammern, Lineal, Schere, Kamm, Papier, Münzen, Nägel und Schrauben von einem Magneten angezogen werden!

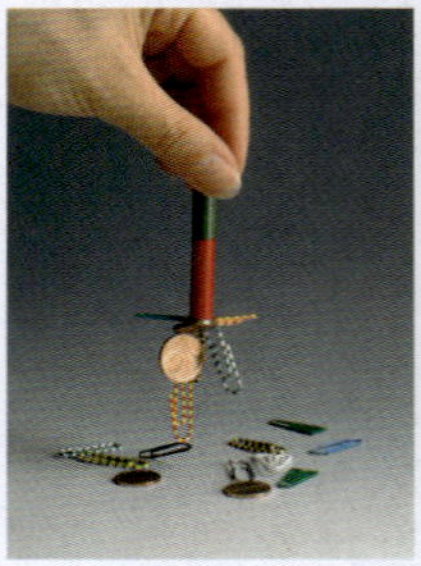

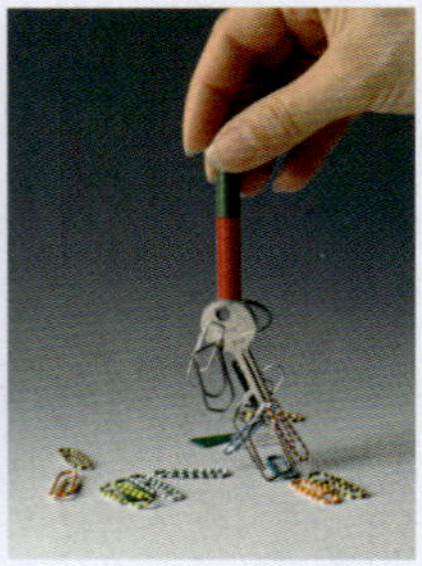

Experiment 2
Zeige mithilfe eines Stabmagneten und mehreren Büroklammern oder kleinen Eisennägeln, dass die Kraftwirkungen des Magneten an verschiedenen Stellen unterschiedlich sind!

Experiment 3
Untersuche, in welchem Abstand eine Büroklammer von einem Stabmagneten merklich angezogen wird!

Durchführung:
Wiederhole den Versuch unter verschiedenen Bedingungen!
Auswertung:
a) Beschreibe die Versuchsdurchführung!
b) Formuliere das Versuchsergebnis in einem Merksatz!

Experiment 4
Baue eine Anordnung wie in der Abbildung (oben rechts) auf! Nähere einen zweiten Magneten so, dass sich
a) ungleiche bzw.
b) gleiche Pole gegenüberstehen!

Auswertung:
Beschreibe und erkläre deine Beobachtungen!

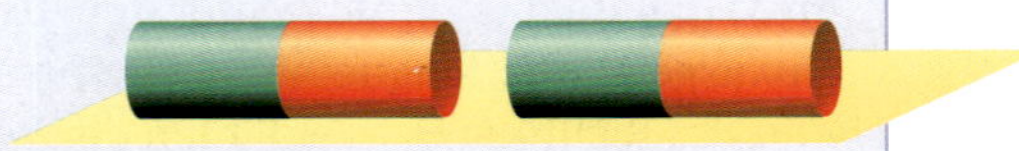

Experiment 5
Wenn man an einen Pol eines Stabmagneten zwei lange Nägel hängt, so gehen die unteren Spitzen der Nägel auseinander.
a) Probiere es aus!
b) Erkläre diese Erscheinung!

Experiment 6
Probiere aus, bei welcher Anordnung sich die Kraftwirkungen von zwei gleichen Stabmagneten verstärken bzw. abschwächen!

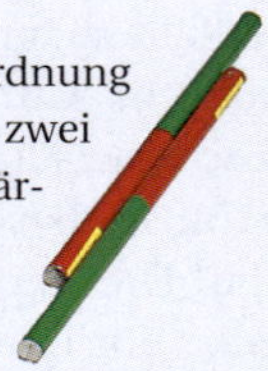

Auswertung:
Interpretiere deine Versuchsergebnisse!

Experiment 7
Konstruiere eine Anordnung (s. Abb.), mit der du die Richtung des Magnetfeldes der Erde nachweisen kannst!
Entwickle Ideen für weitere Anordnungen und probiere sie aus!

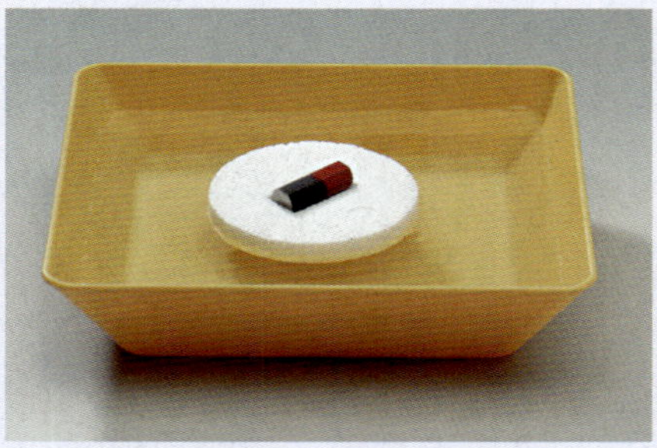

Demonstriere deinen Mitschülern die von dir entwickelten Anordnungen!
Beschreibe ihren Aufbau und erkläre ihre Wirkungsweise!

Experimente

Experiment 8

Wenn man mit einem Magneten an einem Nagel aus Eisen mehrmals gleichmäßig in gleicher Richtung entlangstreicht, wird der Nagel magnetisiert (s. Abb.).

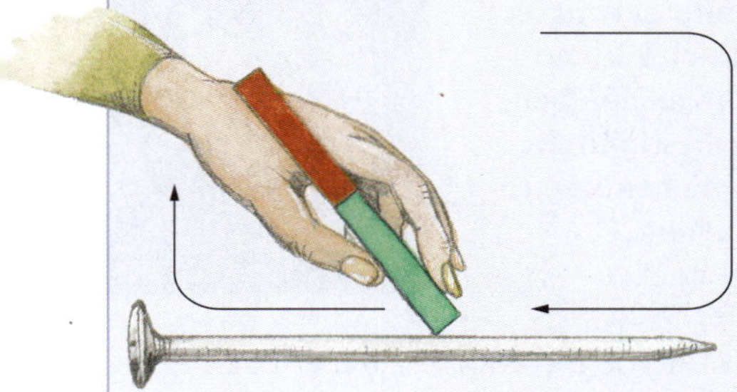

a) Stelle einen solchen Magneten her und baue daraus einen einfachen Kompass!
b) Kontrolliere mit einem anderen Kompass, ob die Ausrichtung der selbst gebauten Magnetnadel stimmt!

Experiment 9

Halte einen Kompass je einmal oben und unten an einen eisernen Heizkörper!

Auswertung:

a) Beschreibe deine Beobachtungen!
b) Erkläre deine Beobachtungen!

Experiment 10

Ein Magnet ist nicht gekennzeichnet. Du weißt daher nicht, wo sich der Nordpol und wo sich der Südpol befinden.

a) Wie kann man experimentell herausfinden, welches der Nordpol ist?
b) Welche Hilfsmittel werden dazu benötigt?
c) Beschreibe dein Vorgehen!

Experiment 11

Wickle mehrere Male einen isolierten Draht um einen Kompass und halte die Enden des Drahtes an die Pole einer Batterie!

Auswertung:

Beschreibe und erkläre deine Beobachtungen!

Experiment 12

Baue mithilfe von Batterien, Eisennägeln und Klingeldraht einen Lasthebemagneten!

a) Probiere aus, welche Höchstlast der Magnet heben kann!
b) Wie kannst du die Wirkung des Magneten verstärken?

Experiment 13

Untersuche, wovon die Stärke eines Elektromagneten abhängt!

Vorbereitung:

a) Stelle aus einer Spule und einem Eisenkern einen Elektromagneten her, indem du die Spule an eine elektrische Quelle anschließt!
b) Baue den Versuch entsprechend der Abbildung auf!

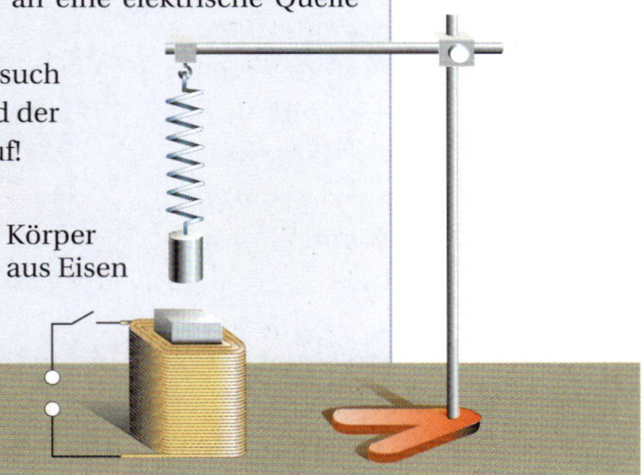

Durchführung:

a) Schalte die elektrische Quelle ein! Beginne mit einer kleinen Spannung!
b) Wähle an der elektrischen Quelle eine größere Spannung!

Auswertung:

Beschreibe deine Beobachtungen! Formuliere das Ergebnis des Experiments in einem Merksatz!

Aufgaben

1. Erläutere, wie magnetische
   a) Seifenhalter,
   b) Schraubendreher,
   c) Büroklammerspender und
   d) Türschließer
   funktionieren!

2. Nenne weitere Geräte, in denen Magnete zur Anwendung kommen!

3. Von zwei äußerlich gleich aussehenden Stäben ist der eine ein unmagnetischer Eisenstab und der andere ein Permanentmagnet.
   Erläutere, wie man ohne spezielle Hilfsmittel feststellen kann, welcher der beiden der Eisenstab ist!

4. Ein Stabmagnet wurde versehentlich zerbrochen. Was kannst du über die magnetische Wirkung der beiden Teile voraussagen?

5. Ein Scheibenmagnet schwebt über einem anderen, so wie in der Abbildung dargestellt. Was passiert, wenn der obere Magnet umgedreht wird?

6. Wenn man einen magnetisierten Eisennagel mit einem Hammer bearbeitet, verliert er seine magnetische Wirkung. Erkläre!

7. Begründe, warum sich eine frei drehbare Magnetnadel stets in Nord-Süd-Richtung einstellt!

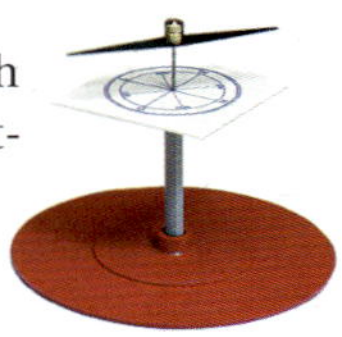

8. Manche Dauermagnete werden mit der Zeit immer schwächer. Woran könnte das liegen?

9. Ein Kompass zeigt dir nur dann die richtige Richtung an, wenn die Nadel nicht durch andere magnetische Kräfte als die des Erdmagnetfeldes beeinflusst wird. Wodurch können Fehler bei der Richtungsbestimmung mit einem Kompass entstehen? Begründe!

10. Stelle dir vor, du befindest dich mit einer Expedition in der Antarktis. Genau unter deinen Füßen ist ein magnetischer Pol. Du hast einen Kompass, dessen Nadel so gelagert ist, dass sie sich in jede Richtung drehen kann.
    Wie stellt sich die Nadel ein? Begründe!

11. Früher verwendete man für das Gehäuse eines Kompasses meist Kupfer, heute Plastik. Warum kann man dafür nicht beliebige Materialien verwenden?

12. Du willst herausfinden, ob in einem bestimmten Raum ein magnetisches Feld vorhanden ist.
    Diskutiere Möglichkeiten!

13. Zeichne das Feldlinienbild eines stromdurchflossenen geraden Leiters!
    Woran könnte es liegen, dass deine Mitschüler zu einem anderen Ergebnis gekommen sind?

14. Durch welche Anordnungen könnten die abgebildeten Magnetfelder erzeugt worden sein? Begründe!

a)

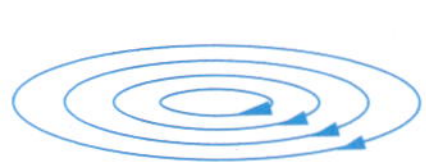

b)

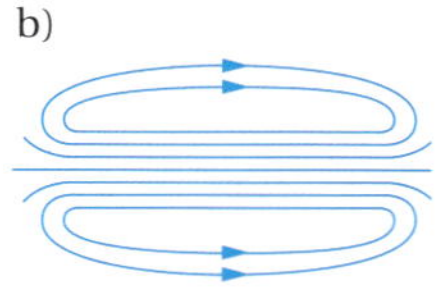

15. Die Abbildung zeigt das Feldlinienbild eines Dauermagneten aus einem Fahrraddynamo. Interpretiere es!

16. In jedem Herbst machen Tausende von Zugvögeln auf den Feldern und Wiesen Deutschlands Rast, bevor sie zu ihrem Flug in den Süden aufbrechen.
Wie orientieren sich die Vögel auf diesen langen Strecken?
Suche Informationen im Internet! Nutze auch die folgende Adresse:
www.schuelerlexikon.de!

17. Eine Magnetnadel hat sich in der Nähe eines Stabmagneten so ausgerichtet, wie in der Abbildung gezeichnet. Kennzeichne die Pole des Stabmagneten und zeichne im Heft sein Feldlinienbild!

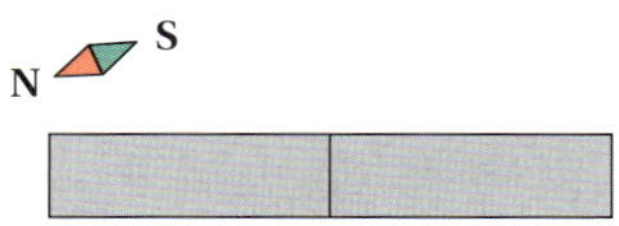

18. Begründe, warum in den starken Elektromagneten, die man auf Schrottplätzen zum Transport schwerer Lasten einsetzt, die Spulenkerne keine Dauermagnete sind!

19. Bereite einen Schülervortrag zum Thema *„Magnete und ihre Anwendung in der Technik“* vor! Gehe dabei sowohl auf Dauermagnete als auch auf Elektromagnete ein! Nutze das Internet, z. B. die Adresse **www.schuelerlexikon.de!**

20. Die Abbildung zeigt den Aufbau eines Drehspulmesswerks.

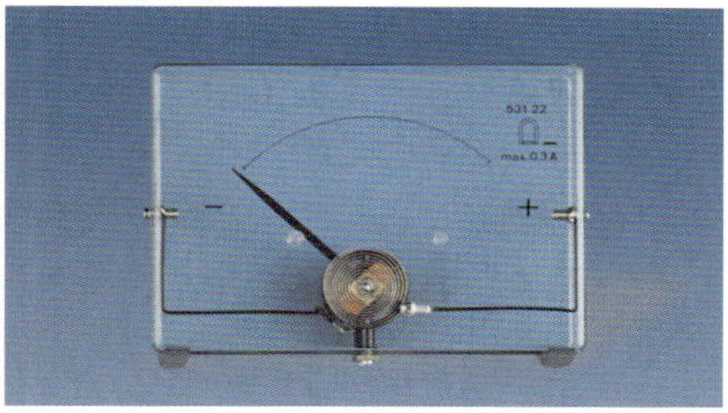

Beschreibe den Aufbau und erkläre die Wirkungsweise eines Drehspulmesswerks!

21. Welche Vorteile hat ein Relais gegenüber anderen Schaltern?

22. Eine elektrische Klingel hat den in der Abbildung dargestellten Aufbau.

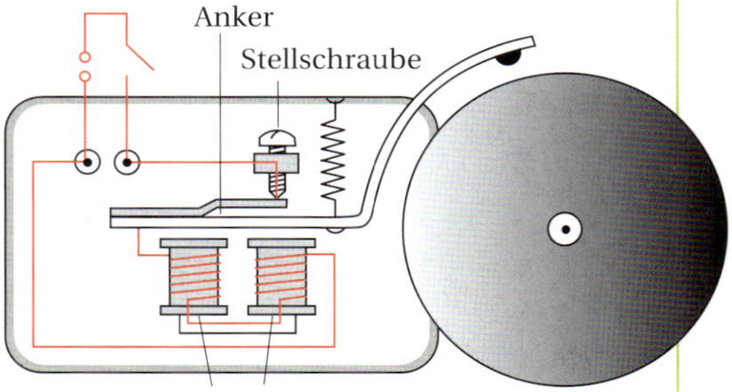

Beschreibe den Aufbau und erkläre die Wirkungsweise einer solchen Klingel!

23. Die Abbildung zeigt den Aufbau eines Lautsprechers.

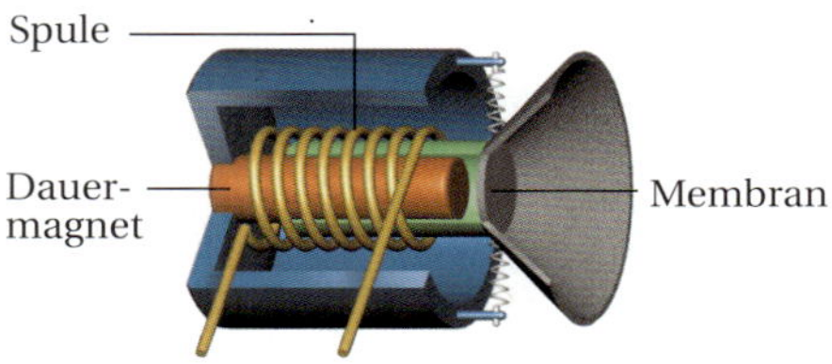

Beschreibe den Aufbau eines Lautsprechers! Erkläre seine Wirkungsweise!

Das Wichtigste auf einen Blick

Magnete, Magnetfelder und magnetische Kräfte

Ein **magnetisches Feld** existiert im Raum um Dauermagnete und stromdurchflossene Leiter.

- Jedes Magnetfeld hat Nord- und Südpol.
- In einem Magnetfeld wirken Kräfte auf ferromagnetische Stoffe (Eisen, Nickel, Cobalt) und andere Magnete.
- Gleiche Pole stoßen sich ab, ungleiche Pole ziehen sich an.
- Magnetfelder lassen sich mithilfe von Feldlinienbildern veranschaulichen.

Magnetfeld eines Stabmagneten

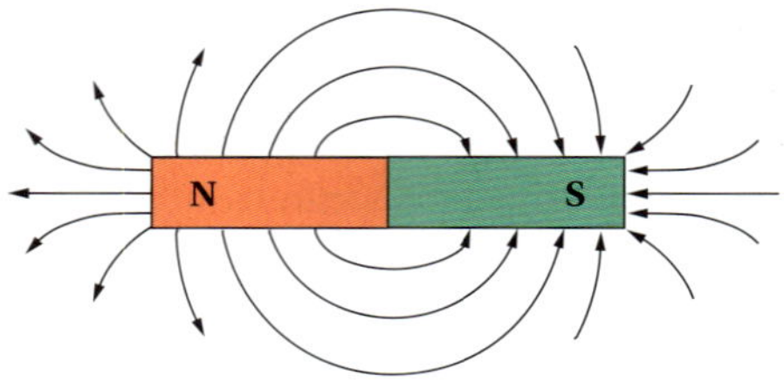

Magnetfeld einer stromdurchflossenen Spule

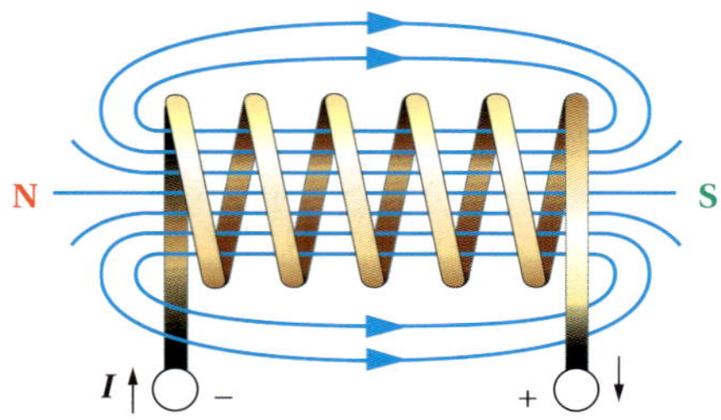

Die **Stärke des Magnetfeldes** um eine stromdurchflossene Spule (Elektromagnet) ist umso größer,

- je größer die Stromstärke in der Spule ist und
- je größer die Windungszahl der Spule ist.

Ein Eisenkern in der Spule verstärkt deutlich das Magnetfeld.

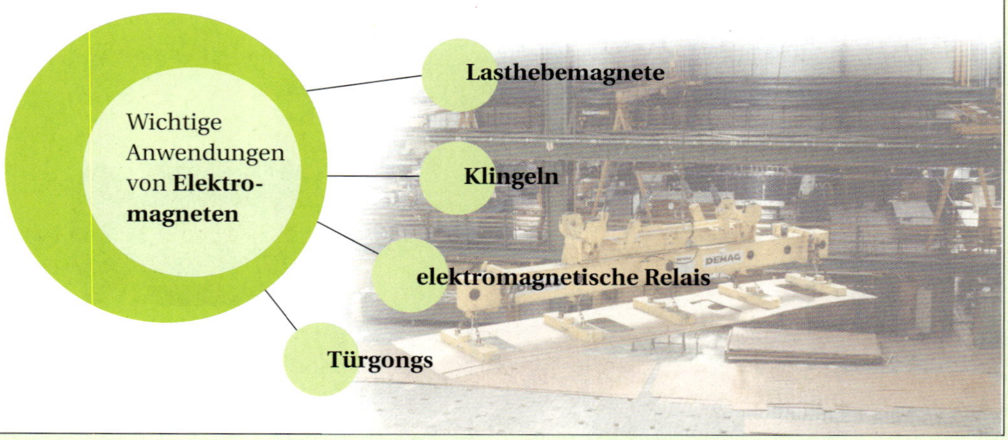

1.3
Elektrostatische Kräfte

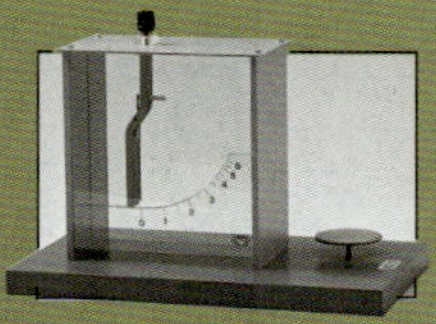

Neue Frisur? ▸▸ Wenn man trockene Haare mit einem Plastikkamm frisiert, kann es passieren, dass sie „zu Berge stehen“. Ähnliches stellt man fest, wenn man eine geriebene Folie über die Haare hält oder wenn man mit einer elektrisch geladenen Kugel verbunden ist.
Wie ist diese Erscheinung zu erklären?

Blitze – nur ein beeindruckendes Naturschauspiel? ▸▸
Gewitter und damit verbundene Blitze sind immer wieder beeindruckend. Ein einschlagender Blitz kann aber erheblichen Schaden anrichten und für Menschen lebensgefährlich werden.
Wie entstehen Blitze? Wie kann man sich vor Blitzschlag schützen?

Elektrisch geladene Körper

Beim Ausziehen von Kleidungsstücken kann man manchmal ein Kribbeln spüren, ein kurzes Knistern hören oder in der Dämmerung kleine Funken sehen. Ursache dafür sind elektrische Erscheinungen.

Bekannt sind inzwischen über 100 Elemente. Ihre Atome unterscheiden sich durch die Anzahl der Protonen.

Alle Körper sind aus Atomen und Molekülen aufgebaut. Atome wiederum bestehen aus einer Atomhülle, in der sich elektrisch negativ geladene Elektronen befinden, und dem Atomkern (Abb. 2). Der Atomkern enthält u. a. elektrisch positiv geladene Protonen und ist damit positiv geladen.

Ein Atom, das die gleiche Anzahl positiver Ladungen im Kern und negativer Ladungen in der Atomhülle hat, ist elektrisch neutral. Auch ein Körper, der insgesamt genauso viele Elektronen wie Protonen hat, ist nach außen ungeladen.

Reibt man elektrisch neutrale Körper wie ein Tuch und einen Plastikstab intensiv aneinander (Abb. 1), so werden von einigen Atomen des Tuchs Elektronen abgetrennt. Diese Elektronen gehen auf den Plastikstab über. Zusätzlich zu seinen neutralen Atomen erhält der Stab weitere Elektronen. Er besitzt eine **negative Ladung.**

Den Atomen des Tuchs „fehlen" nach dem Reiben Elektronen. Das Tuch besitzt eine **positive Ladung.**

Durch inniges Berühren bzw. Reiben zweier Körper aneinander können Elektronen von dem einen Körper auf den anderen Körper übergehen.

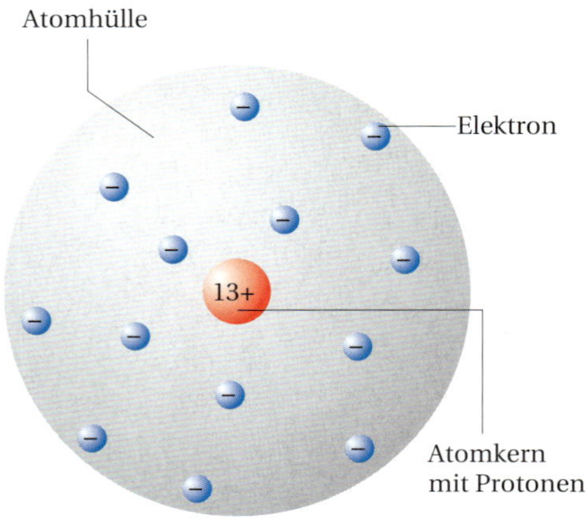

2 ▸ Aufbau eines Aluminiumatoms

Die Atome beider Körper bleiben aber bei diesem Vorgang unverändert an ihrem Ort. Nach dem Reiben hat der eine Körper mehr Elektronen als positive Ladungen. Er besitzt **Elektronenüberschuss** und ist negativ geladen.

Der andere Körper hat Elektronen abgegeben und besitzt nun einen **Elektronenmangel.** Er hat mehr positive Ladungen als Elektronen und ist damit insgesamt positiv geladen (Abb. 1).

Ein negativ geladener Körper hat einen Elektronenüberschuss. Bei einem positiv geladenen Körper herrscht Elektronenmangel.

Da diese **Ladungstrennung** durch Berührung bzw. Reibung zustande kommt, spricht man auch von **Reibungselektrizität.** Ladungstrennung durch Reibung wird beim **Bandgenerator** genutzt.

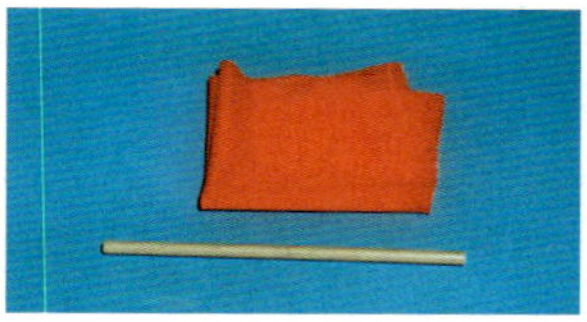

1a ▸ Vor dem innigen Berühren bzw. Reiben sind Tuch und Plastikstab neutral.

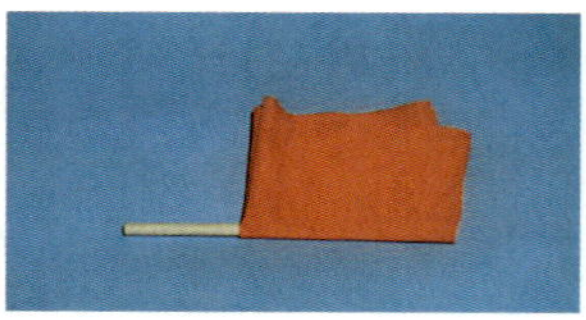

1b ▸ Beim innigen Berühren bzw. Reiben gehen Elektronen vom Tuch auf den Plastikstab über.

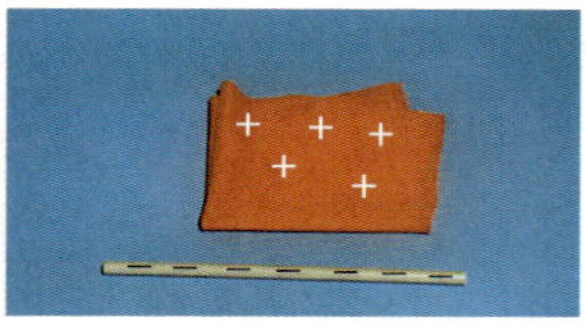

1c ▸ Nach der Berührung sind das Tuch positiv und der Plastikstab negativ geladen.

Kräfte zwischen geladenen Körpern

Berührt man einen ungeladenen Körper, z. B. eine Metallkugel, mit einem elektrisch negativ geladenen Plastikstab, so können Elektronen von dem geladenen Körper auf den ungeladenen Körper übergehen. Die Ladung des Plastikstabs wird dabei **geteilt.** Zwischen den beiden Körpern erfolgt ein **Ladungsausgleich.** Die Metallkugel wird negativ geladen (Abb. 1).

Bringt man einen positiv geladenen Körper mit einem ungeladenen Körper in Berührung, so können Elektronen des zunächst neutralen Körpers auf den positiv geladenen Körper übergehen.
Dieser zunächst ungeladene Körper hat dann einen Mangel an Elektronen. Er ist positiv geladen. Auch in diesem Fall erfolgt eine **Ladungsteilung** und letztlich ein Ladungsausgleich.

Ein **Ladungsausgleich** erfolgt immer dann, wenn elektrisch geladene Körper leitend miteinander verbunden werden (Abb. 2). Aber auch ohne elektrischen Leiter gleichen sich Ladungen aus, wenn sie groß genug sind. Das ist bei einem Blitz der Fall, der sehr große entgegengesetzte Ladungen zwischen geladenen Wolken bzw. zwischen Wolken und der Erde ausgleicht (s. S. 53).

Beim Ladungsausgleich fließt ein elektrischer Strom. Die kleinen Funken beim Ausziehen von Kleidungsstücken sind ebenfalls auf einen kurzzeitigen Stromfluss zurückzuführen.

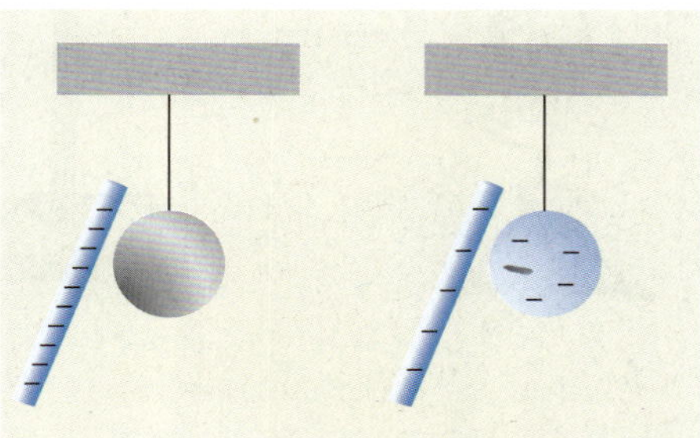

1 ▸ Ladungsteilung zwischen Plastikstab und Metallkugel

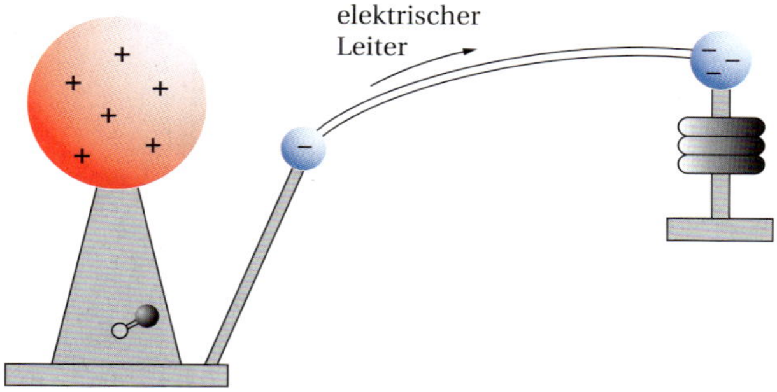

2 ▸ Durch den elektrischen Leiter erfolgt ein Ladungsausgleich.

Untersucht man das Verhalten elektrisch geladener Körper genauer, dann stellt man fest, dass zwischen ihnen Kräfte wirken. Die Körper ziehen sich an oder stoßen sich ab (Abb. 3).

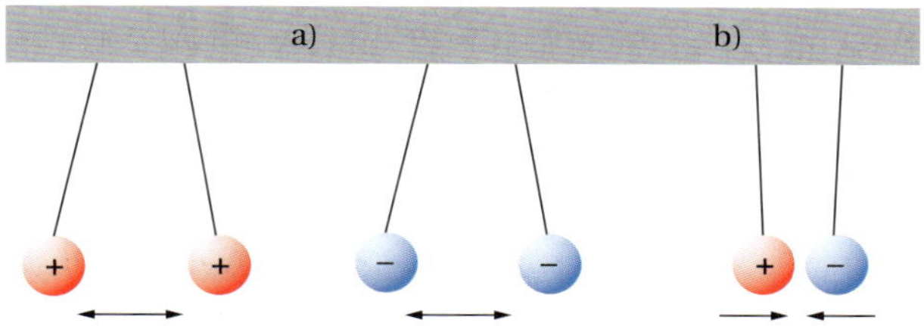

3 ▸ Es erfolgt eine Abstoßung, wenn beide Körper gleichartig geladen sind (a). Es erfolgt eine Anziehung, wenn beide Körper ungleichartig geladen sind (b).

Gleichartig geladene Körper stoßen einander ab. Ungleichartig geladene Körper ziehen einander an.

Ladungstrennung durch Influenz

Eine Ladungstrennung auf einem Körper kann auch erreicht werden, wenn man diesen Körper überhaupt nicht berührt.

In Metallen gibt es Elektronen, die frei beweglich sind.

Nähert man einer ungeladenen Metallkugel einen negativ geladenen Körper, so wirken zwischen den Ladungen Kräfte (Abb. 1, S. 50). Es kommt auf der ungeladenen Kugel zu einer Verschiebung von Ladungen und damit zu einer Ladungstrennung in bzw. auf der Kugel.

1 ▸ Ladungsteilung durch Influenz auf einer Metallkugel

Die Elektronen werden abgestoßen und auf die andere Seite der Kugel gedrängt (Abb. 1).

Nähert man der ungeladenen Kugel einen positiv geladenen Körper, so werden die Elektronen angezogen. Sie bewegen sich zu der Seite, die dem positiven Körper gegenübersteht.

Die Erscheinung der Ladungstrennung unter dem Einfluss eines geladenen Körpers wird als **Influenz** bezeichnet.

Die Influenz lässt sich auch an einem Elektroskop beobachten. Bringt man eine negativ geladene Kugel in die Nähe eines Elektroskops, so schlägt der Zeiger aus (s. Abb.).

Die im Metallstab und Metallzeiger des Elektroskops vorhandenen beweglichen negativen Elektronen werden in diesem Feld abgestoßen, bewegen sich also von der negativ geladenen Kugel weg.

Das obere Ende des Metallstabes des Elektroskops ist dann positiv geladen, der Metallstab und der Zeiger negativ. Da sich gleichartig geladene Körper abstoßen, schlägt der Zeiger des Elektroskops aus.

Entfernt man die negativ geladene Kugel, so verteilen sich die negativ geladenen Elektronen wieder gleichmäßig auf Metallstab und Zeiger. Der Ausschlag des Zeigers geht zurück.

Influenz kann auftreten, wenn sich ein geladener Körper in der Nähe ungeladener Körper befindet.

Die elektrische Ladung

Körper können unterschiedlich stark geladen sein. Wie stark ein Körper positiv oder negativ geladen ist, wird durch die Größe **elektrische Ladung** beschrieben.

Ein Körper hat eine Ladung von **1 Coulomb** (1 C), wenn er einen Elektronenüberschuss oder einen Elektronenmangel von $6{,}2 \cdot 10^{18}$ Elektronen besitzt.

Die Einheit 1 C ist nach dem französischen Naturforscher CHARLES AUGUSTIN DE COULOMB (1736–1808) benannt.

COULOMB war französischer Physiker, der sich große Verdienste um die Entwicklung der Elektrizitätslehre erworben hat. Er entdeckte u. a. das coulombsche Gesetz, das eine quantitative Aussage über die Kraftwirkung auf geladene Körper im elektrischen Feld gestattet.

Mithilfe einer Drehwaage (Abb. 2) konnte COULOMB die kleinen Kräfte messen, mit der zwei elektrische Punktladungen aufeinander einwirken. Diese Messungen führten zur Entdeckung des nach ihm benannten **coulombschen Gesetzes.** Es beschreibt die Kraft, die zwischen zwei geladenen Körpern wirkt.

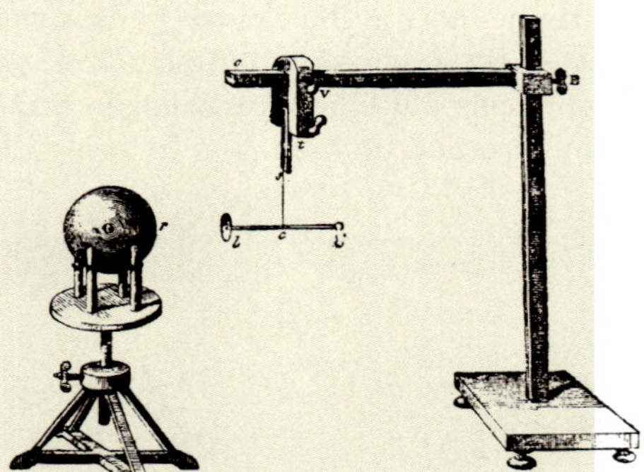

2 ▸ Versuchsanordnung von COULOMB zur Bestimmung der Kraft zwischen elektrisch geladenen Körpern

Das elektrische Feld

Im Raum um einen elektrisch geladenen Körper werden auf andere elektrisch geladene Körper Kräfte ausgeübt. Diesen Raum nennt man **elektrisches Feld.**

> **Ein elektrisches Feld existiert im Raum um einen elektrisch geladenen Körper, in dem auf andere elektrisch geladene Körper Kräfte ausgeübt werden.**

Ein elektrisches Feld lässt sich durch Kräfte auf elektrisch geladene Körper nachweisen. Bringt man z. B. eine kleine, negativ geladene Kugel in die Nähe einer anderen, positiv geladenen Kugel und zeichnet die jeweils wirkenden Kräfte ein, dann erhält man das in Abb. 1 dargestellte Bild.

Werden anstelle der einzelnen Kraftpfeile durchgehende Linien gezeichnet, so erhält man ein **Feldlinienbild** des betreffenden Feldes (Abb. 2, 3, 4).

> **Ein elektrisches Feld lässt sich mithilfe eines Feldlinienbildes veranschaulichen.**
> **Das Feldlinienbild ist ein Modell des elektrischen Feldes.**

Aus einem Feldlinienbild ist erkennbar, in welcher Richtung die Kraft auf einen geladenen Körper wirkt (Abb. 4).

Ein Feldlinienbild gibt auch Auskunft über die Stärke des Feldes. Je stärker das elektrische Feld ist, desto dichter werden die Feldlinien gezeichnet.

Experimentelle Untersuchung elektrischer Felder

Feldlinien lassen sich experimentell veranschaulichen, wenn sich Grießkörnchen in Öl in einem elektrischen Feld befinden (Abb. 5). Unter der Wirkung des elektrischen Feldes richten sich die Grießkörnchen in Richtung der Feldlinien aus.

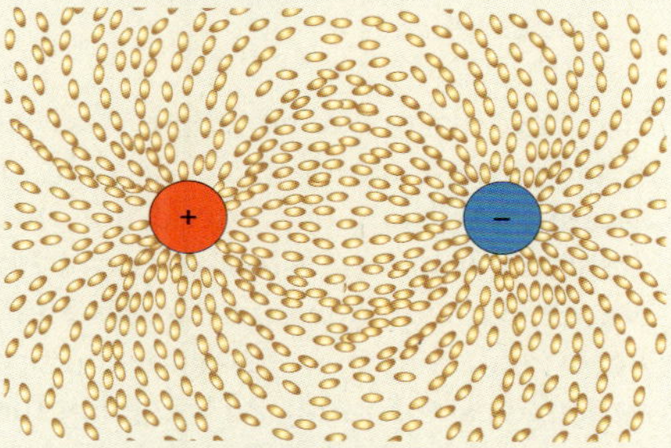

5 ▸ Grießkörnchen im elektrischen Feld zwischen zwei unterschiedlich geladenen Kugeln

Bei Plasmakugeln kann man interessante Leuchterscheinungen beobachten. Dabei spielen elektrische Felder eine Rolle.

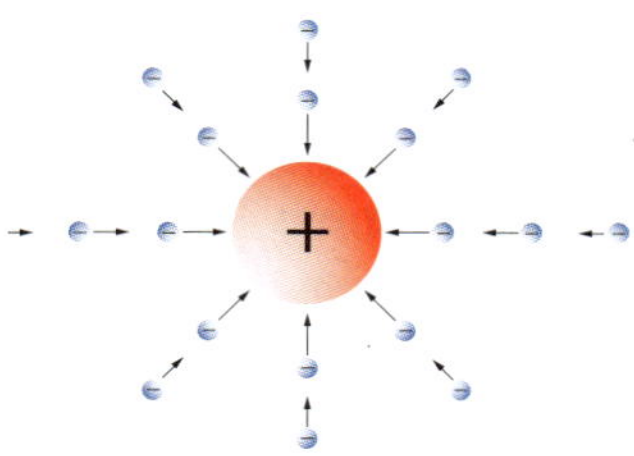

1 ▸ Kräfte auf geladene Körper im elektrischen Feld

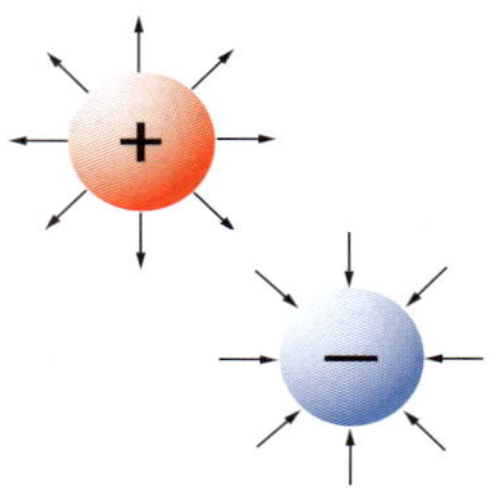

2 ▸ Elektrisches Feld um geladene Kugeln

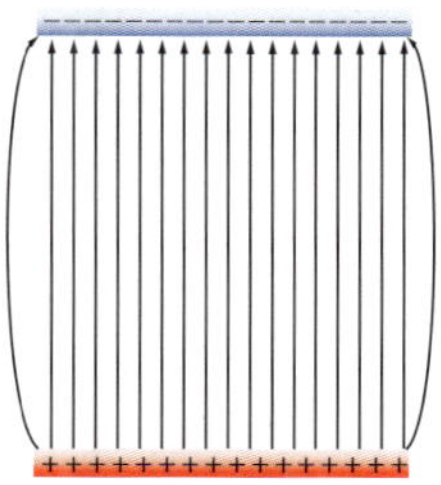

3 ▸ Elektrisches Feld zwischen geladenen Platten

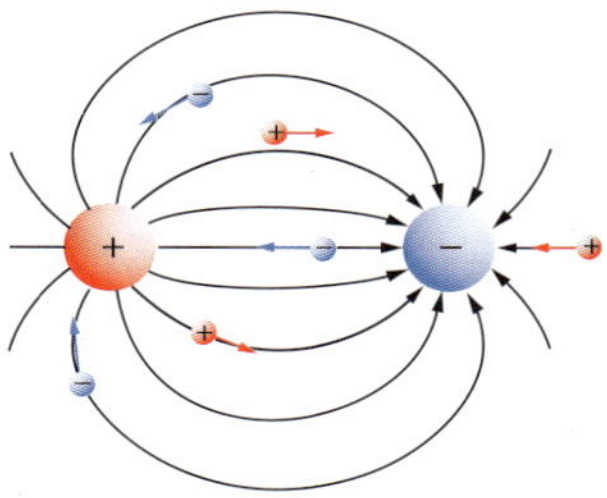

4 ▸ Feldlinienbild und Kräfte auf geladene Körper

Physik in Natur und Technik

Das Elektroskop

Um nachzuweisen, ob ein Körper elektrisch geladen ist, benutzt man ein Elektroskop (Abb. 1).

Beschreibe den Aufbau und erkläre die Wirkungsweise eines Elektroskops!

Kann man mit einem Elektroskop auch die Art der elektrischen Ladung eines Körpers bestimmen?

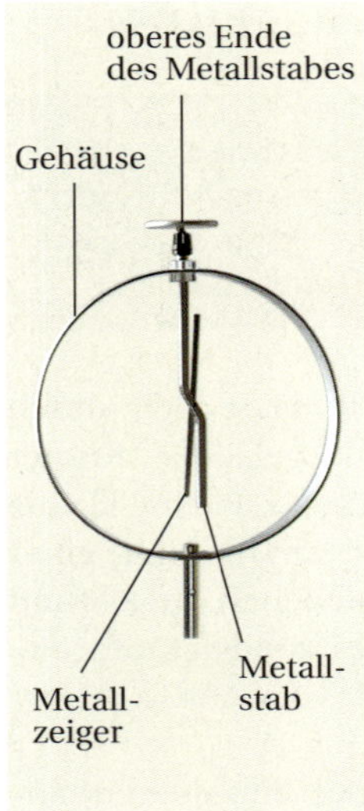

1 ▸ Aufbau eines einfachen Elektroskops

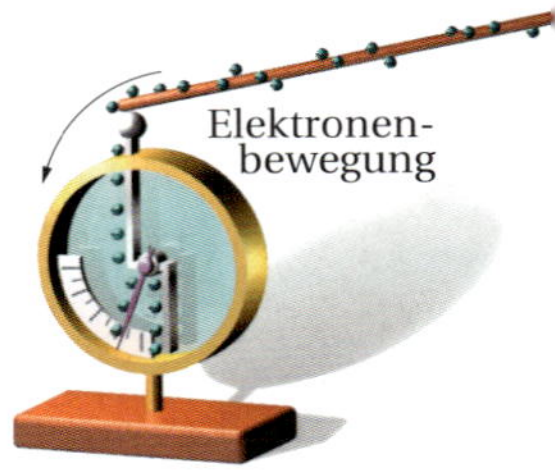

2 ▸ Negativ geladenes Elektroskop

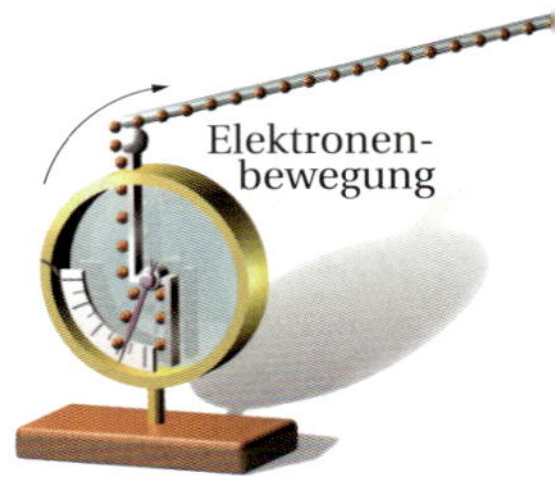

3 ▸ Positiv geladenes Elektroskop

Ein Elektroskop dient dem Nachweis elektrischer Ladungen. Es besteht aus einem Metallstab, der leitend mit einem drehbar gelagerten Metallzeiger verbunden ist. Wird am oberen Ende des Metallstabs ein negativ geladener Körper entlang gestreift (Abb. 2), so gehen Elektronen auf den Metallstab über. Von dort verteilen sie sich auf den gesamten Metallstab und den Metallzeiger.

Nun sind Metallstab und Metallzeiger negativ geladen. Gleichartig geladene Körper stoßen sich ab. Da der Zeiger drehbar gelagert ist, wird er vom Metallstab abgestoßen. Je größer die Ladung des entlang streifenden Körpers ist, desto größer ist der Ausschlag des Zeigers. Ein Elektroskop mit Skala wird auch als **Elektrometer** bezeichnet.

Ein kleiner Zeigerausschlag bedeutet kleine Ladung.

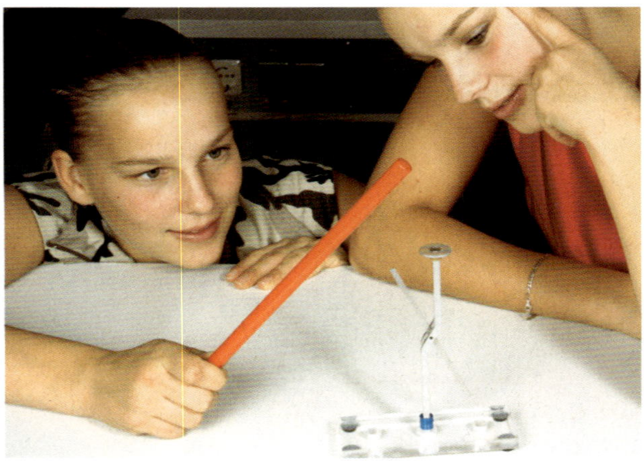

Wird das obere Ende des Metallstabs mit einem positiv geladenen Körper berührt (Abb. 3), so wandern Elektronen von Metallstab und Metallzeiger zum positiv geladenen Körper, denn ungleiche Ladungen ziehen sich an. Dadurch entsteht auf dem Metallstab und auf dem Zeiger ein Elektronenmangel, also positive Ladung. Metallstab und Zeiger stoßen sich ebenfalls ab.

Der Ausschlag erfolgt also bei einem Elektroskop unabhängig von der Art der Ladung. Demzufolge kann man mit einem Elektroskop nur nachweisen, ob und wie stark ein Körper geladen ist, nicht jedoch, welche Ladung er besitzt. Das Elektroskop schlägt bereits aus, wenn ein geladener Körper in die Nähe des oberen Endes des Metallstabs gebracht wird. Dann kommt es infolge der **Influenz** zu einer Ladungstrennung und damit zu einem Zeigerausschlag (s. S. 50).

Eine interessante Naturerscheinung

Mit Blitz und Donner kündigt sich ein Gewitter an. Während eines Gewitters können Dutzende von Blitzen auftreten. Weltweit werden 70 bis 100 Blitze in jeder Sekunde registriert.

Die durchschnittliche Stromstärke beträgt etwa 40 000 A bei einem Durchmesser der Blitze von 10 bis 20 cm. Sie sind meist 2 bis 3 km lang und dauern weniger als 1 s.

Wie entsteht ein Blitz? Gibt es nur Blitze zwischen einer Wolke und der Erde?

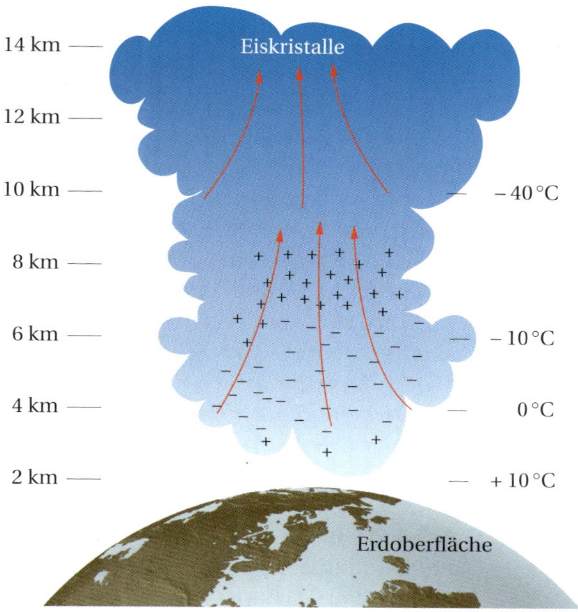

2 ▸ Aufbau einer Gewitterwolke

Ein Blitz ist ein zeitlich kurzer, aber sehr starker elektrischer Strom, der die unterschiedlichen Ladungen zwischen geladenen Wolken bzw. Wolken und der Erde ausgleicht.

Elektrisch geladene Gewitterwolken entstehen vor allem an warmen, schwülen Tagen. Warme, aber auch feuchte Luft steigt nach oben. Dabei kühlt sie sich ab. Aus dem in der Luft befindlichen Wasserdampf werden dadurch Wassertropfen, Eiskristalle und Hagelkörner. Der Mechanismus der Ladungstrennung in einer Wolke ist noch nicht in allen Einzelheiten geklärt.

Ein Erklärungsansatz ist folgender (Abb. 2): Ein Teil der aufgestiegenen Hagelkörner fällt wieder herab, weil sie zu schwer sind. Durch das schnelle Aufsteigen von Luft mit Wassertropfen und Eiskristallen sowie das Herabfallen von Hagelkörnern kommt es infolge von Reibung zu Ladungstrennungen. Damit entstehen in Gewitterwolken Bereiche, die unterschiedlich geladen sind. Wenn die unterschiedlichen Ladungen in zwei Gewitterwolken groß genug sind, kommt es durch einen Blitz zu einem Ladungsausgleich.

Es fließt ein starker elektrischer Strom, der die Luft zum Leuchten bringt. Sie wird auf etwa 20 000 °C erwärmt. Dadurch dehnt sie sich explosionsartig aus und wir hören ein Donnern.

1 ▸ Durch Blitze erfolgt ein Ladungsausgleich zwischen Wolke und Erde bzw. zwischen verschiedenen Wolken.

Der Blitzableiter

Gewitter sind häufig mit Sturmböen, starkem Regen oder Hagel verbunden. Erhebliche Schäden können aber auch dann entstehen, wenn ein Blitz in eine Hochspannungsleitung, in Gebäude, in Bäume oder gar in Menschen einschlägt. Deshalb muss man sich vor Blitzen schützen. An Häusern werden dazu häufig Blitzschutzanlagen angebracht.

Wie funktioniert eine Blitzschutzanlage? Wie kann man sich vor Blitzeinschlag schützen, wenn man im Freien von einem Gewitter überrascht wird?

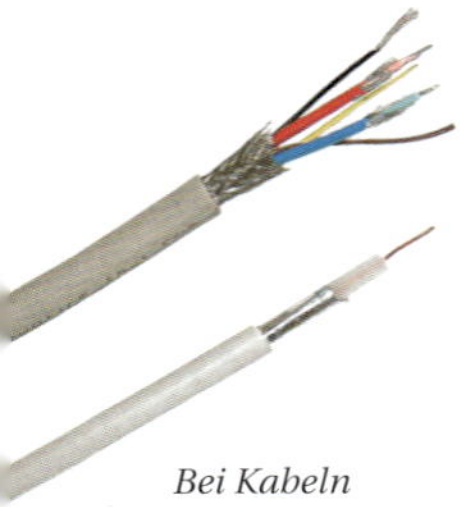

Bei Kabeln erfolgt die Abschirmung durch eine metallische Hülle oder durch ein Drahtgeflecht.

Blitze schlagen vor allem in hohe, spitze Gebäude und Gegenstände ein, z. B. in hohe Bäume, Kirchturmspitzen oder Spitzen von Dächern. Mithilfe einer Blitzschutzanlage wird der Blitz „aufgefangen" und ungefährlich in die Erde abgeleitet.

Der amerikanische Staatsmann und Naturforscher Benjamin Franklin (1706 bis 1790) hat den Blitzableiter erfunden. Eine Blitzschutzanlage (Abb. 1) besitzt Fangstäbe und Fangleitungen, die die höchsten Stellen des Gebäudes bilden, sodass der Blitz dort einschlägt. Über dicke Eisendrähte wird der elektrische Strom des Blitzes in die Erde abgeleitet. Damit ist man in Gebäuden relativ sicher.

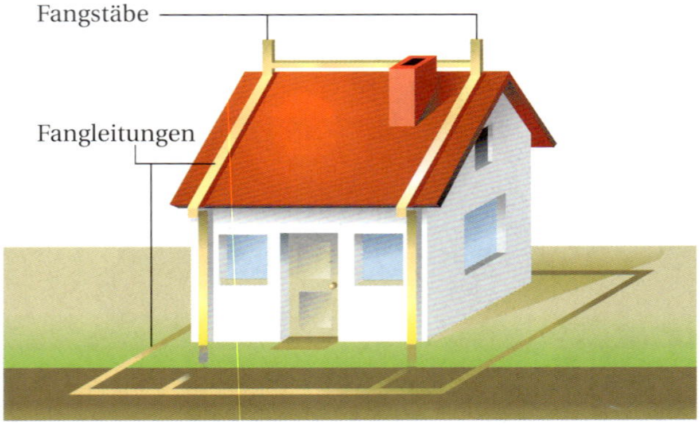

1 ▸ Blitzschutzanlage eines Hauses: Über Fangstäbe und Fangleitungen werden Blitze zur Erde abgeleitet.

2 ▸ Die Karosserie eines Pkw schirmt elektrische Felder ab: Ein Blitz wird über die Karosserie des Autos abgeleitet.

Schon Michael Faraday (1791–1867) stellte fest, dass elektrische Entladungen nicht in einen Raum eindringen, der von einem elektrischen Leiter umgeben ist. Dieser elektrische Leiter muss nicht massiv sein, sondern kann auch aus Metallgittern und -streben bestehen. Eine solche Anordnung von Leitern wird als **faradayscher Käfig** bezeichnet (Abb. 2).

Personen, die sich bei Gewitter in Pkw, Flugzeugen und anderen geschlossenen Fahrzeugen aufhalten, sind vor Blitzschlag geschützt.

Für uns Menschen ist ein Blitzschlag lebensgefährlich. Das gilt auch, wenn wir uns in unmittelbarer Nähe befinden, wenn ein Blitz einschlägt. Werden wir im Freien von einem Gewitter überrascht, ist es am sichersten, sich in eine Mulde zu hocken. Bäume bieten keinen Schutz. Besser ist es, Schutz in einem Gebäude oder einem Auto zu suchen.

Elektrofilter gegen Staub

Staub gibt es überall: in Wohnungen, in Betrieben und im Freien.

Auch in Kohlekraftwerken entsteht viel Staub in Form von Asche. Gelangt diese Asche mit dem Rauch ins Freie, belastet sie die Umwelt stark. Deshalb versucht man, in Entstaubungsanlagen die Asche aufzufangen und zu entsorgen. Das Herzstück einer Entstaubungsanlage ist ein Elektrofilter (Abb. 1, 2).

Wie kann die Wirkungsweise eines Elektrofilters erklärt werden?

2 ▸ Elektrofilter in einem Kraftwerk

Ein Modellversuch macht das Prinzip eines Elektrofilters deutlich (Abb. 3):

In der Mitte eines positiv geladenen Metallzylinders ist ein negativ geladener Draht gespannt. Lässt man Rauchgase aufsteigen, dann setzen sich die Rußteilchen am Zylinder ab.

Elektrofilter in Entstaubungsanlagen bestehen dagegen aus zwei Platten, die positiv geladen sind (Abb. 1).

Zwischen diesen Platten befindet sich ein Draht, der so stark negativ geladen ist, dass er Elektronen versprüht. Diese Elektronen setzen sich auf den Staubteilchen des Rauchgases fest, das durch den Filter geleitet wird. Dadurch werden die Staubteilchen selbst negativ geladen. Die negativ geladenen Staubteilchen werden von den positiv geladenen äußeren Platten angezogen, denn zwischen dem Draht und den geladenen Platten existiert ein elektrisches Feld. In diesem elektrischen Feld wirken Kräfte auf die negativ geladenen Staubteilchen. Die Staubteilchen lagern sich an den positiv geladenen Platten ab. Mithilfe eines Klopfwerkes wird der angelagerte Staub abgeschüttelt, in einer Auffangvorrichtung gesammelt und entsorgt.

In modernen Kohlekraftwerken liegt der Abscheidegrad der Entstaubung über 99 %. Der Staub wird in einem geschlossenen System in Silos befördert, um von dort als Zuschlagsstoff in der Bauindustrie verwendet zu werden. Pro Stunde fallen etwa 10–15 Tonnen Staub an.

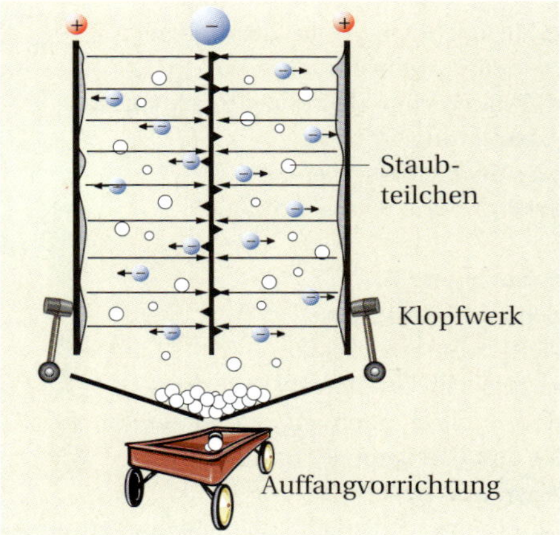

1 ▸ Aufbau eines Elektrofilters

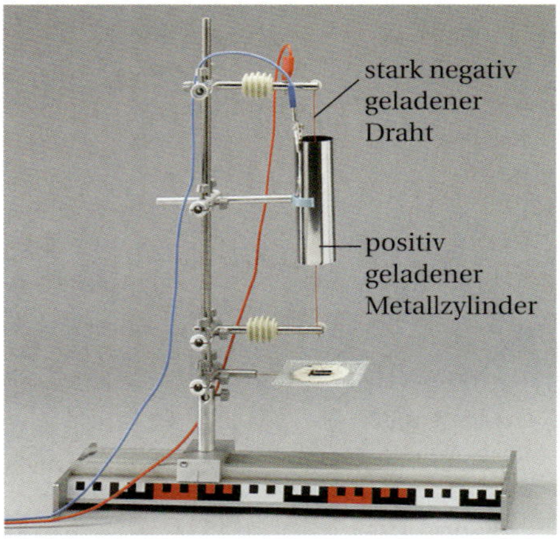

3 ▸ Modellversuch zur Entstaubung

Experimente

Elektrostatische Kräfte

Experiment 1

Baue ein Ladungsmessgerät und nutze es!

Vorbereitung:

Materialien: Glas mit Kunststoffdeckel (z. B. für Honig oder Marmelade), metallene Büroklammer, schmaler Streifen von dünnem Papier (z. B. Butterbrotpapier) etwa 1 cm breit und 10 cm lang, Plastiklineal, Wolltuch, Teelicht

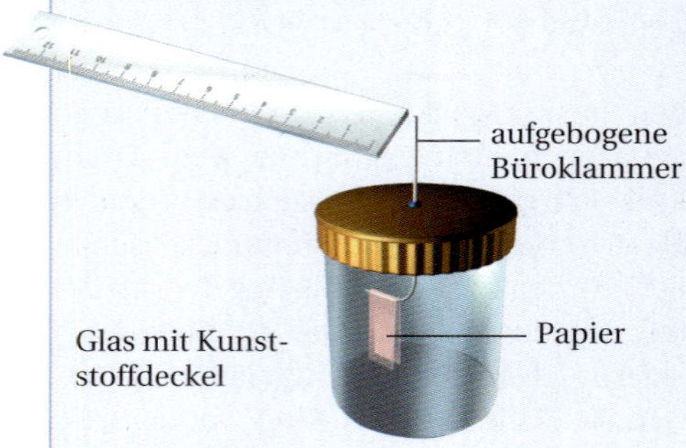

Durchführung:

Achtung Brandgefahr!

a) Schmilz ein kleines Loch in den Plastikdeckel, indem du die aufgebogene Büroklammer in der Kerzenflamme erwärmst!
b) Verforme die Büroklammer zu einem Haken wie in der Abbildung! Fixiere den Draht mit etwas Kleber!
c) Lege den Papierstreifen über den Bügel und schraube den Deckel fest!
d) Reibe das Plastiklineal mit dem Wolltuch und nähere es dem Draht!
e) Reibe das Plastiklineal erneut und nähere es dem Glas von der Seite!

Auswertung:

Beschreibe deine Beobachtungen!
Begründe, warum diese Anordnung ein einfaches Ladungsmessgerät ist!

Experiment 2

Reibe einen Gegenstand aus Kunststoff (z. B. einen Löffel aus einem Salatbesteck) mit einem Wolltuch und halte ihn über trockenes Salz!

Auswertung:

a) Beschreibe deine Beobachtungen!
b) Wie kannst du das „tanzende" Salz erklären?

Experiment 3

Wenn man ein geladenes Lineal langsam in die Nähe eines dünnen Wasserstrahls bringt, kann man eine merkwürdige Beobachtung machen (s. Abb.).

Durchführung:

Probiere es selbst aus!

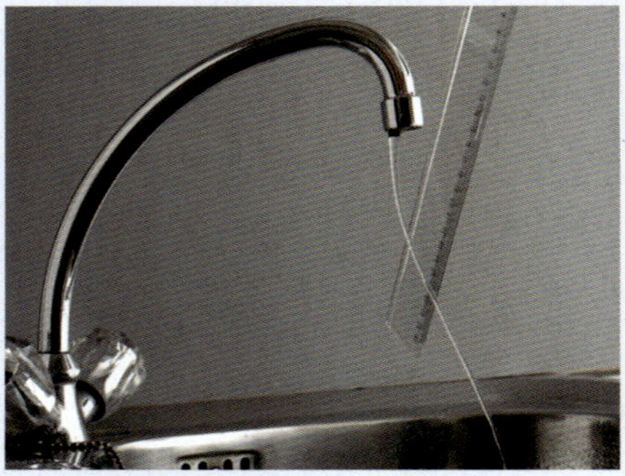

Auswertung:

Wie kannst du erklären, dass das Lineal die Fließrichtung des Wassers beeinflusst, ohne den Wasserstrahl direkt zu berühren?

Experiment 4

Führe Untersuchungen mit einem Luftballon durch!

Durchführung:

a) Befestige einen aufgeblasenen Luftballon an einem dünnen Faden!
b) Lade ihn durch Reiben mit den Händen oder mit einem Wolltuch auf!
c) Bringe in die Nähe des Ballons aufgeladene Gegenstände!
d) Nähere dem Ballon Zeitungspapier!

Auswertung:

Was beobachtest du?
Erkläre deine Beobachtungen!

Experiment 5

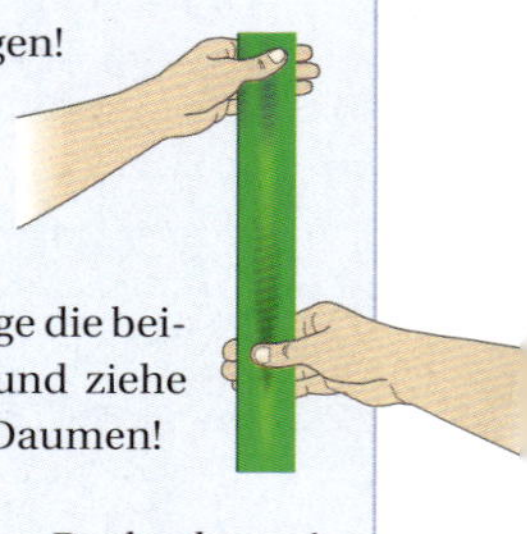

Schneide von einer Gefriertüte aus Plastik zwei gleiche Streifen ab! Lege die beiden Streifen aufeinander und ziehe sie durch Zeigefinger und Daumen!

Auswertung:

Beschreibe und erkläre deine Beobachtung!

Aufgaben

1. Wenn man einen Glasstab mit einem Tuch reibt, dann ist anschließend der Glasstab positiv geladen.
Wie ist das Tuch geladen? Begründe!

2. Nenne und erläutere Beispiele aus Natur, Technik und Alltag für die Ladungstrennung durch Reibung!

3. Begründe, warum die Anordnung in der Abbildung als Ladungsanzeiger genutzt werden kann!

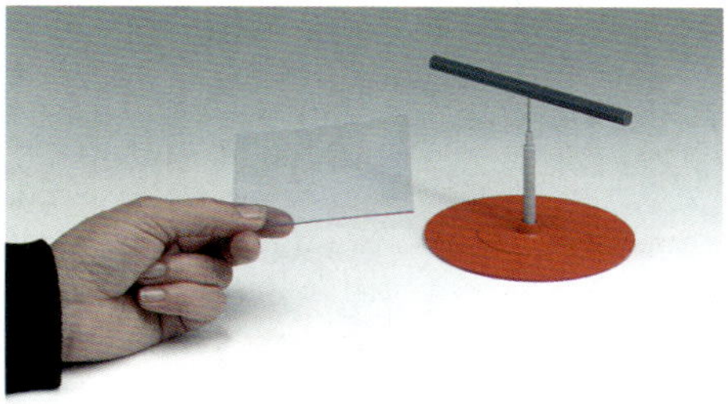

4. Eine Glimmlampe hat zwei Elektroden (s. Abb.).

Kommt eine der beiden Anschlusskappen mit einem negativ geladenen Körper in Berührung, dann leuchtet die entsprechende Elektrode auf.
Interpretiere die Erscheinung, die in der Abbildung dargestellt worden ist!

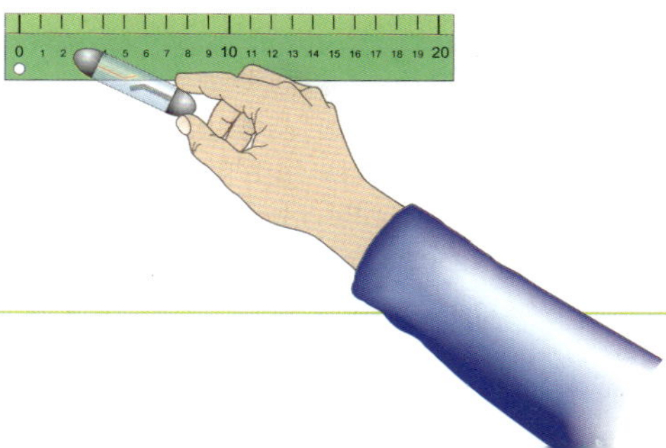

5. Interpretiere das Versuchsergebnis in der Abbildung!

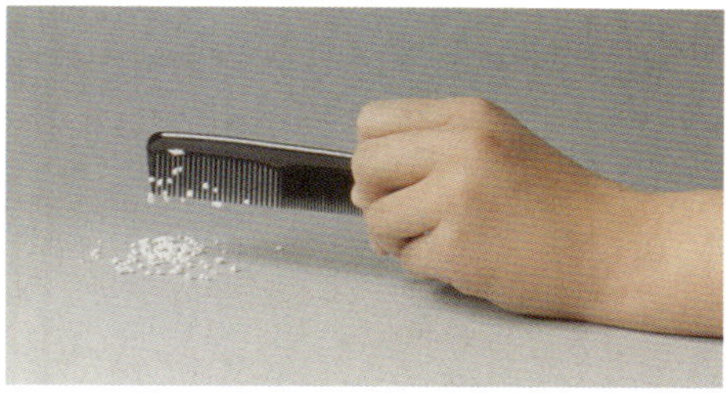

6. Wie kannst du mithilfe einer Glimmlampe feststellen, ob ein Körper positiv oder negativ geladen ist?

7. Elektromonteure nutzen Polprüfer, um festzustellen, ob an einem Leiter eine Spannung anliegt.
Informiere dich im **Internet**, wie ein Polprüfer aufgebaut ist und wie er funktioniert!

8. Eine positiv geladene Kugel wird einem Elektroskop genähert (s. Abb.).
   a) Was kann man beobachten, wenn man die Kugel nähert bzw. entfernt?
   b) Erkläre die Beobachtung!

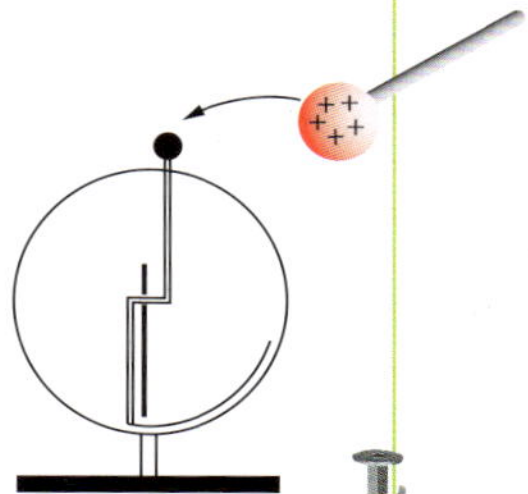

9. Was passiert, wenn du das obere Ende des Elektroskops (s. Abb.) mit der Hand berührst? Begründe!

10. Warum gelingen einige Ladungsversuche bei hoher Luftfeuchtigkeit nur sehr schlecht oder gar nicht?

11. Wenn man einen Pullover auszieht, knistert es manchmal. Im Dunkeln kann man sogar Funken sehen. Ähnliches tritt auf, wenn man frisch gewaschene, trockene Haare kämmt.
Erkläre diese Erscheinungen!

12. Legt man ein Blatt Papier auf eine Schreibtischunterlage aus Kunststoff, so haftet das Blatt fest daran.

a) Erkläre diese Erscheinung!
b) Wo treten ähnliche Erscheinungen auf?

13. Was versteht man unter einem elektrischen Schlag?

14. Wenn man aus einem Auto mit Sitzen aus Kunststoff steigt, bekommt man beim Anfassen der Tür häufig einen elektrischen Schlag. Erkläre!

15. Geht man eine Treppe hinunter, rutscht mit den Händen auf der Plastikoberfläche des Geländers entlang und berührt anschließend das Metallgeländer, so bekommt man manchmal einen elektrischen Schlag. Erkläre diese Erscheinung!

16. In der Textilindustrie werden große Rollen, über die Garn geführt wird, mit der Erde elektrisch verbunden. Genauso wird das bei Druckmaschinen gemacht.
Warum ist diese Maßnahme sinnvoll?

17. Welche Möglichkeiten kennst du, einen elektrisch geladenen Körper zu entladen?

18. Schnellhefter aus Kunststoff „kleben" manchmal regelrecht zusammen.
Wie ist diese Erscheinung zu erklären?

19. Auf Fernsehgeräten, besonders auf dem Bildschirm, sammelt sich schnell viel Staub.
Wie ist das zu erklären?

20. Mit einem Bandgenerator (s. Abb.) kann man elektrische Ladungen trennen.
Beschreibe den Aufbau und erkläre die Wirkungsweise eines Bandgenerators!

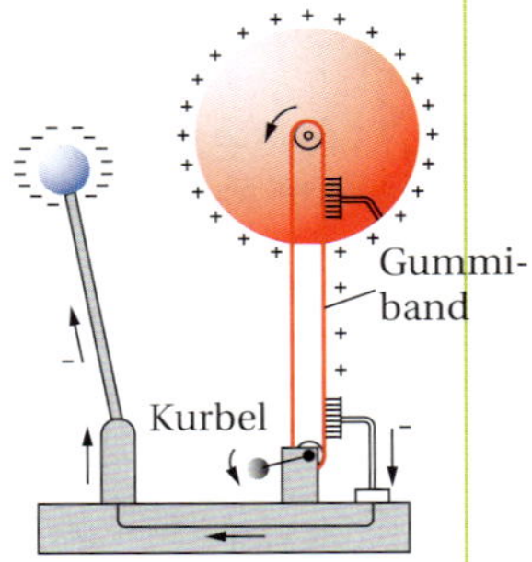

21. Die Skizze zeigt das elektrische Feld zwischen einer Platte und einer Spitze.

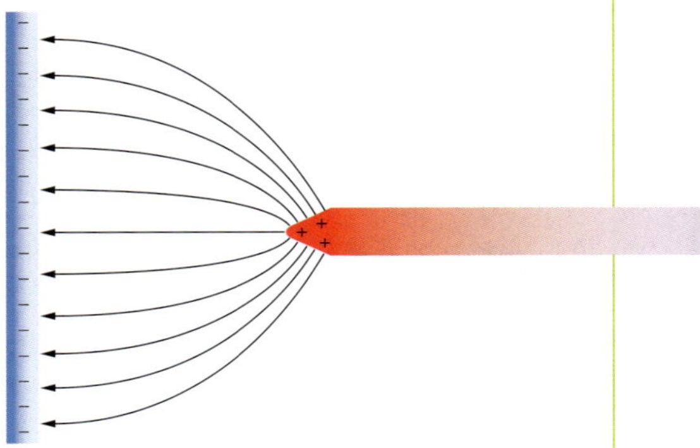

a) Interpretiere dieses Feldlinienbild!
b) Welche Aussage kann man aus dem Feldlinienbild über die Stärke des Feldes in der Nähe der Spitze bzw. in der Nähe der Platte treffen? Begründe!

22. Worin besteht der Unterschied zwischen einem elektrischen Feld und dem Feldlinienbild dieses Feldes?

23. Als Erfinder des Blitzableiters gilt der amerikanische Staatsmann und Naturforscher BENJAMIN FRANKLIN (1706–1790).
a) Informiere dich über Leben und Wirken von B. FRANKLIN! Nutze dazu auch das Internet, z. B. die Adresse **www.schuelerlexikon.de!**
b) Beschreibe den Aufbau und erkläre die Wirkungsweise eines Blitzableiters!
c) Formuliere Regeln für das Verhalten bei Gewittern im Freien!

1

Das Wichtigste auf einen Blick

Elektrostatische Kräfte und elektrisches Feld

Körper können elektrisch neutral, positiv oder negativ geladen sein.

elektrisch neutral
Die Anzahl der positiven und negativen Ladungen sind gleich groß.

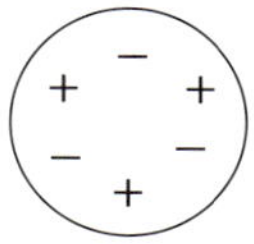

positiv geladen
Es herrscht Elektronenmangel.

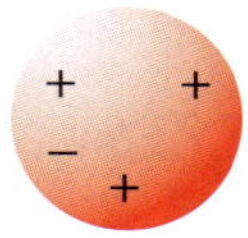

negativ geladen
Es herrscht Elektronenüberschuss.

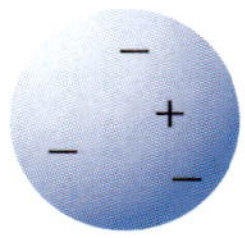

Zwischen geladenen Körpern wirken anziehende oder abstoßende Kräfte. Der Betrag der Kraft hängt von der Größe der Ladung ab.

Gleichartig geladene Körper stoßen einander ab.

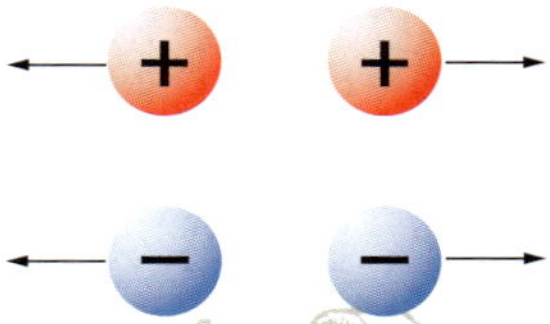

Ungleichartig geladene Körper ziehen einander an.

Zwischen unterschiedlich geladenen Körpern kann durch elektrische Überschläge (Blitze, elektrische Schläge) oder durch eine leitende Verbindung (Kabel) eine Übertragung von Ladungen und damit ein **Ladungsausgleich** erfolgen.

Ein **elektrisches Feld** existiert im Raum um elektrisch geladene Körper, in dem auf andere elektrisch geladene Körper Kräfte ausgeübt werden.

Für das **Feldlinienbild als Modell des Feldes** gilt:

- Die Richtung der Feldlinien gibt die Richtung der Kräfte auf geladene Körper an.
- Die Dichte der Feldlinien ist ein Maß für die Stärke des Feldes.
- Feldlinien verlaufen beim elektrischen Feld von + nach –.

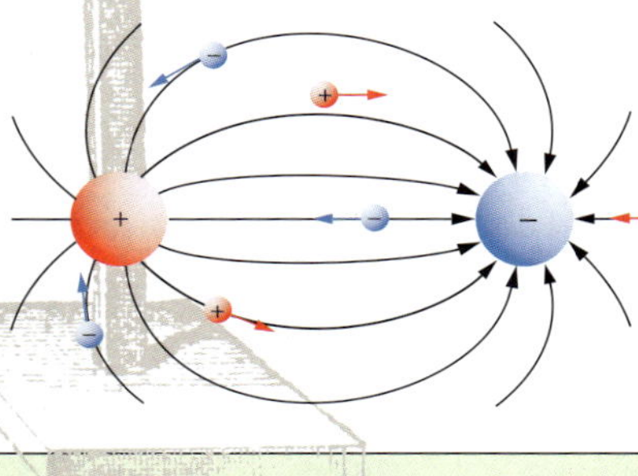

2 Stromstärke und Spannung in Stromkreisen

2.1 Elektrische Stromstärke

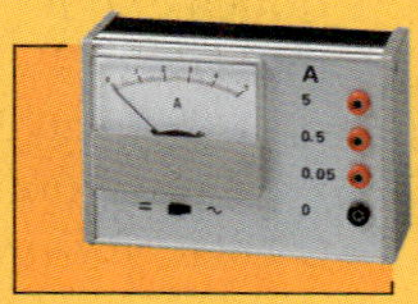

Strom schafft stimmungsvolle Beleuchtung ▸▸ Besonders zur Weihnachtszeit erstrahlen Straßen, Einkaufszentren und Wohnungen in hellem Licht. Die Lichterketten werden mit einem Kabel an eine Steckdose angeschlossen. Wenn sich ein Lämpchen lockert, so verlöschen auch alle anderen. Es gibt aber immer mehr Lichterketten, die auch weiterleuchten, wenn ein Lämpchen ausfällt.
Wie ist das zu erklären? Wie sind die Lämpchen von Lichterketten geschaltet?

Strom birgt Gefahren ▸▸ Elektrische Geräte im Haushalt werden mit Spannungen von 230 V betrieben. In den Zuleitungen und in den Geräten fließen Ströme, die für Menschen lebensgefährlich sind.
Welche Maßnahmen schützen den Menschen vor elektrischem Strom?

Leitung in Metallen, Flüssigkeiten und Gasen

In einem **metallischen Leiter** ist ein Teil der negativ geladenen Elektronen nicht an bestimmte Atome gebunden, sondern kann sich frei im Leiter bewegen (Abb. 1). Diese frei beweglichen Elektronen führen eine unregelmäßige Bewegung aus. Wird der Leiter mit einer elektrischen Quelle verbunden, dann bewegen sich die Elektronen vom Minuspol zum Pluspol (Abb. 1, 2).

Vergleichen kann man das mit einer Wasserströmung (Abb. 3): Die elektrische Quelle entspricht einer Pumpe, der metallische Leiter einer Wasserleitung und die Glühlampe einer Wasserturbine.

Aber nicht nur in Metallen kann ein elektrischer Strom fließen, sondern auch in Flüssigkeiten, Gasen, im Vakuum und in Halbleitern.

Der Begiff ***Ion*** *stammt aus dem Griechischen und bedeutet* ***das Wandernde.***

In **Flüssigkeiten** müssen frei bewegliche positive und negative Ionen vorhanden sein, damit ein elektrischer Strom fließen kann. Solche Ionen entstehen in wässrigen Lösungen von Säuren, Basen und Salzen. Beim Anlegen einer Spannung bewegen sich die Ionen entsprechend ihrer Ladung in Richtung der Pole (Anode bzw. Katode) und lagern sich dort ab (Abb. 4).

Leitungsvorgänge in Flüssigkeiten werden z. B. in **Batterien** und **Akkumulatoren** (s. S. 77) sowie zur Veredlung von Oberflächen durch **Galvanisieren** (Vergolden, Versilbern, Verchromen, Verkupfern) genutzt.

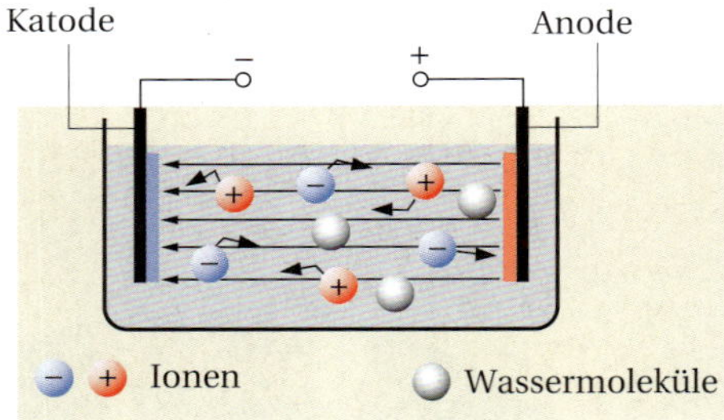

4 ▸ Stromfluss in Flüssigkeiten im Modell

Gase wie die Luft in unserer Umgebung sind gute Isolatoren. Bewegliche Ladungsträger können in **Gasen** nur durch äußere Einflüsse erzeugt werden. Einzelne Elektronen können z. B. durch die Zufuhr von Energie in Form von Wärme oder radioaktiver Strahlung aus den Gasmolekülen herausgelöst werden. Diesen Vorgang nennt man **Ionisation.**

Voraussetzungen für den elektrischen Stromfluss in Metallen, Flüssigkeiten und Gasen sind:
- **das Vorhandensein frei beweglicher Ladungsträger wie Elektronen oder Ionen und**
- **eine elektrische Quelle, an die die jeweiligen elektrischen Leiter angeschlossen werden.**

Dann erfolgt eine gerichtete Bewegung dieser Ladungsträger. Es fließt ein elektrischer Strom.

Damit ein elektrischer Strom in Metallen oder Flüssigkeiten fließt, müssen immer beide Voraussetzungen erfüllt sein.

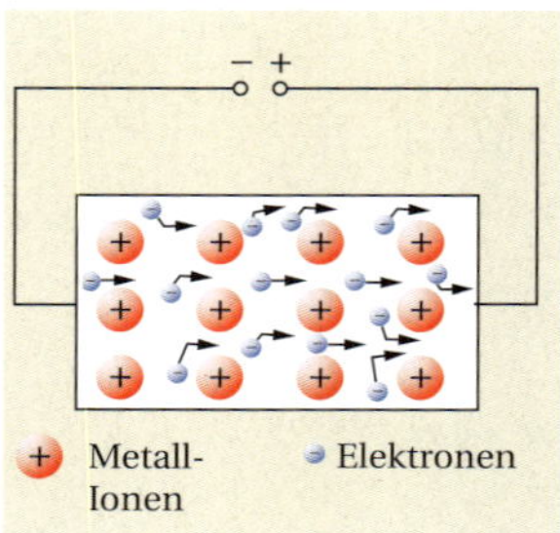

1 ▸ Stromfluss in einem metallischen Leiter im Modell

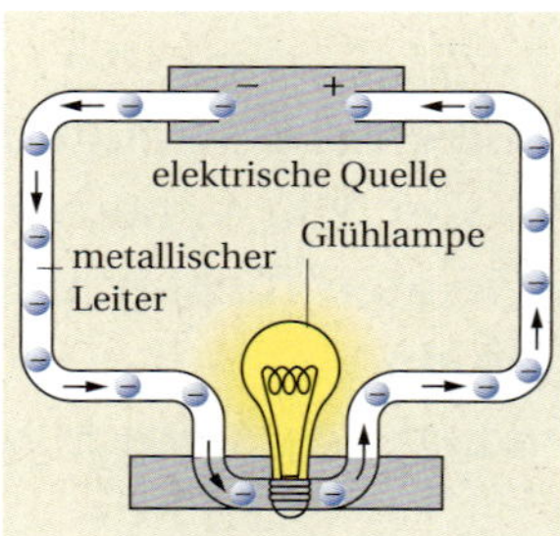

2 ▸ Die Elektronen bewegen sich vom Minuspol zum Pluspol.

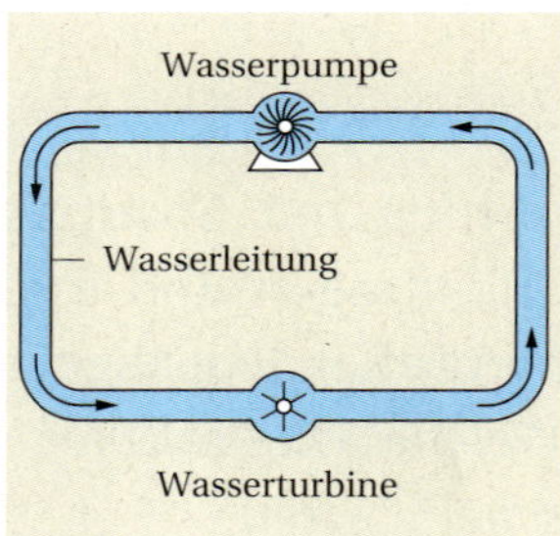

3 ▸ Wassermodell für einen einfachen Stromkreis

Die elektrische Stromstärke

Eine Glühlampe leuchtet mehr oder weniger hell, je nachdem, wie groß der elektrische Strom ist, der durch die Lampe fließt.

Beim elektrischen Strom bewegen sich Elektronen durch einen metallischen Leiter. Die Stärke dieses Elektronenstroms wird durch die physikalische Größe **elektrische Stromstärke** beschrieben. Allgemein gilt:

> M
> **Die elektrische Stromstärke gibt an, wie viele Ladungsträger (z. B. Elektronen) sich in jeder Sekunde durch den Querschnitt eines elektrischen Leiters bewegen.**
>
> Formelzeichen: *I*
> Einheit: 1 Ampere (1 A)

Die Einheit 1 A ist nach dem Franzosen ANDRÉ MARIE AMPÈRE (1775–1836) benannt. AMPÈRE war als Physiker und auch als Mathematiker tätig. In der Physik befasste er sich vor allem mit den magnetischen Wirkungen elektrischer Ströme.

Stromstärken in Natur und Technik	
Fotozelle	10 µA
Radio (batteriebetrieben)	10 mA
lebensgefährliche Stromstärke	> 25 mA
Glühlampe einer Taschenlampe	0,2 A
60-W-Glühlampe (bei 230 V)	0,26 A
100-W-Glühlampe (bei 230 V)	0,43 A
Bügeleisen	5 A
Elektrolokomotive	300 A
Elektroschweißgerät	500 A
Elektroschmelzofen	15 000 A
Blitz	bis 100 000 A

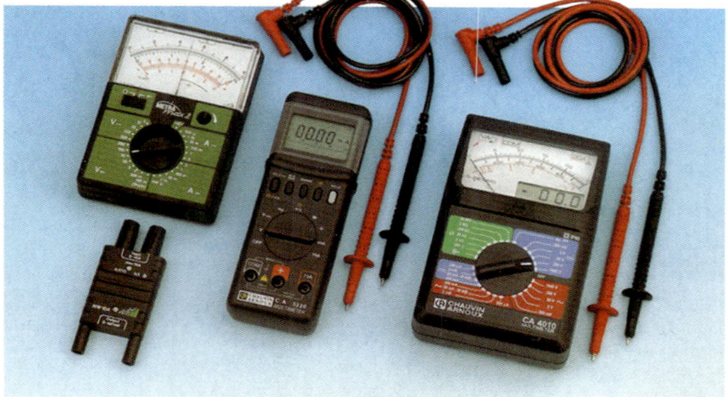

1 ▸ Vielfachmessgeräte unterschiedlicher Bauart

Teile der Einheit 1 A sind ein Milliampere (1 mA) und ein Mikroampere (1 µA).

1 A = 1 000 mA
1 mA = 1 000 µA

Messen der elektrischen Stromstärke

Die elektrische Stromstärke wird mithilfe von **Strommessern** gemessen, auch **Stromstärkemesser** oder **Amperemeter** genannt (Abb. 1).

Messgeräte haben einen **Messgerätefehler,** der die Genauigkeit der abgelesenen Messwerte beeinflusst. Dieser Fehler wirkt sich bei Zeigerinstrumenten im ersten Drittel der Skala besonders stark auf die Genauigkeit aus. Wenn man den Fehler klein halten will, ist der Messbereich so zu wählen, dass der Zeiger im letzten Drittel der Skala steht. Bei digitalen Messgeräten ist die zuletzt angezeigte Ziffer unsicher. Ein Strommesser wird immer in Reihe zu dem Bauelement geschaltet, bei dem die Stromstärke gemessen werden soll.

2

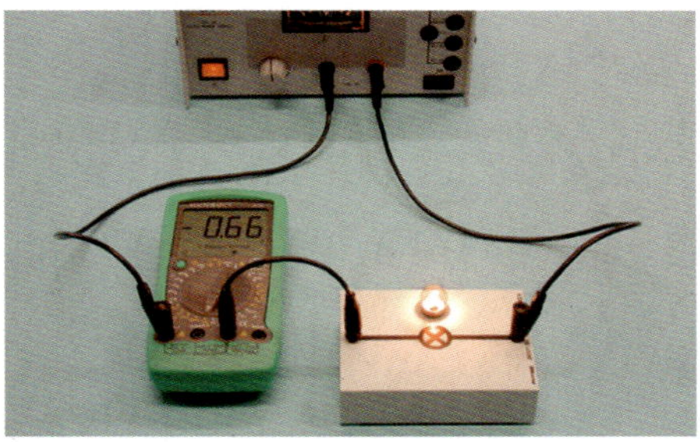

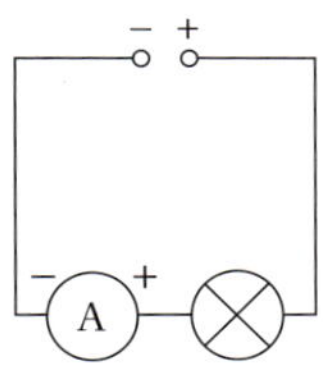

2 ▸ Messung der elektrischen Stromstärke in einem Stromkreis mit einer Glühlampe

Wirkungen des elektrischen Stroms

Fließt elektrischer Strom durch elektrische Leiter oder elektrische Geräte, so kann er verschiedene Wirkungen hervorrufen. Die charakteristischen Wirkungen des elektrischen Stroms sind in der Übersicht unten an Beispielen dargestellt.

> M **Elektrischer Strom kann eine Lichtwirkung, eine Wärmewirkung, eine chemische Wirkung und eine magnetische Wirkung haben.**

Ob ein elektrischer Strom fließt oder nicht, kann man nur an seinen Wirkungen erkennen. Auch alle Nachweismöglichkeiten für Strom beruhen auf seinen Wirkungen.

Der Mensch besitzt kein Sinnesorgan für den elektrischen Strom.

> M **Elektrischen Strom kann man nur an seinen Wirkungen erkennen.**

Glühlampen oder Leuchtstofflampen sind Beispiele für die Nutzung der Lichtwirkung. Die Wärmewirkung wird z. B. bei Elektroherden und Tauchsiedern angewendet. Elektromagnete findet man in allen Elektromotoren. Zum Verchromen oder Vergolden von Gegenständen nutzt man die chemische Wirkung.

Methode

Regeln für einen sicheren Umgang mit Strom

1. Experimentiere niemals mit elektrischen Quellen, die eine Spannung von 25 V und mehr besitzen! Beachte: Die Netzspannung beträgt 230 V und ist daher lebensgefährlich!
2. Berühre niemals die Pole einer Steckdose, blanke Leitungen oder Leitungen mit schadhafter Isolierung mit bloßen Händen, metallischen Gegenständen oder anderen Leitern!
3. Schließe Geräte stets an die richtige elektrische Quelle an! Die Voltzahlen von elektrischer Quelle und Gerät müssen annähernd übereinstimmen.
4. Ziehe Stecker niemals an den Leitungen aus der Steckdose, sondern stets am Stecker!
5. Baue elektrische Schaltungen nur bei ausgeschalteter elektrischer Quelle auf! Die elektrische Quelle darf erst nach Überprüfung der Schaltung eingeschaltet werden.
6. Bei gefährlichen Schaltungen müssen Sicherungen eingebaut werden. Wenn eine Sicherung kaputtgeht,
   - dann ist zunächst die Ursache der Störung zu beseitigen und
   - anschließend eine neue Sicherung einzusetzen.

Elektrischer Strom kann unterschiedliche Wirkungen haben.

Der elektrische Strom in einer Glühlampe kann Licht erzeugen.	Der elektrische Strom in einem Bügeleisen erwärmt die Heizplatte.	Der elektrische Strom macht aus einer Spule einen Elektromagneten.	Mithilfe des elektrischen Stroms kann man einen metallischen Gegenstand verkupfern.
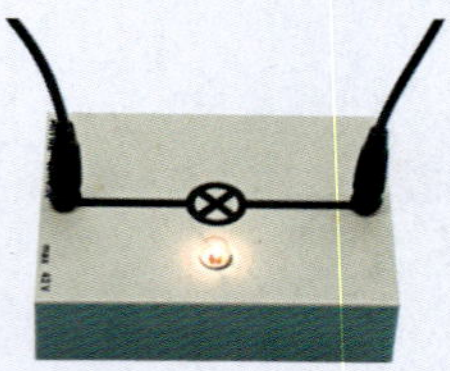		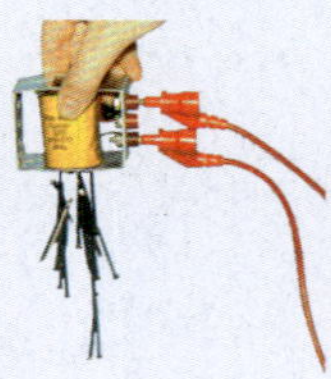	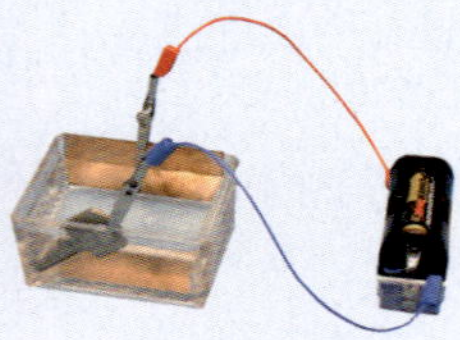
Der Strom hat eine **Lichtwirkung.**	Der Strom hat eine **Wärmewirkung.**	Der Strom hat eine **magnetische Wirkung.**	Der Strom hat eine **chemische Wirkung.**

Die Entdeckung der magnetischen Wirkung des elektrischen Stroms

Durch die Entdeckungen von LUIGI GALVANI (1737–1798) und ALESSANDRO VOLTA (1745 bis 1827) konnten erstmals leistungsfähige elektrische Quellen entwickelt werden. Damit wurden ab dem Jahre 1800 viele Untersuchungen zu Wirkungen des elektrischen Stroms durchgeführt. Unter anderem versuchte der dänische Physiker HANS CHRISTIAN OERSTED (1777–1851) an galvanischen Elementen Magnetismus nachzuweisen.
1820 wollte er in einer Vorlesung vor Studenten einen Draht durch elektrischen Strom zum Glühen bringen. Beim Einschalten des Stroms bemerkte er bei einem zufällig in der Nähe liegenden Kompass, dass die Kompassnadel abgelenkt wurde. Nach Ausschalten des Stroms drehte sich die Kompassnadel in die ursprüngliche Nord-Süd-Richtung zurück (Abb. 1). OERSTED hatte damit die magnetische Wirkung des elektrischen Stroms entdeckt.

1 ▸ OERSTED mit seinem Versuch zur Ablenkung einer Magnetnadel

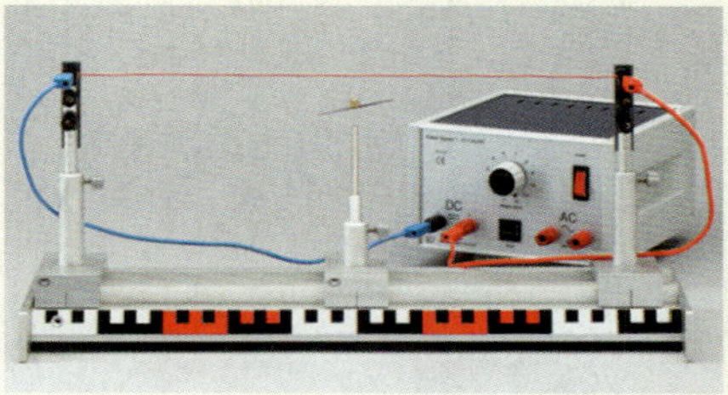

2 ▸ Experiment zur Ablenkung einer Magnetnadel in der Nähe eines stromdurchflossenen Leiters

Der Schutz des Menschen vor elektrischem Strom

Der menschliche Körper kann den elektrischen Strom leiten. Die Wirkungen des Stroms auf den Menschen hängen von der Stärke des Stroms und der Spannung sowie vom Stromweg ab (s. Abb. rechts).

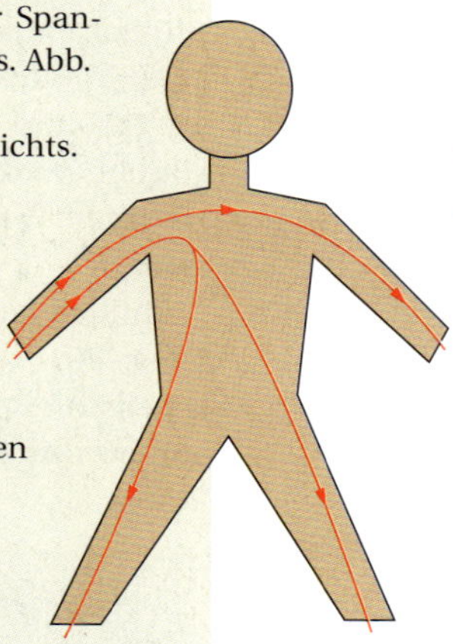

Sehr kleine Ströme schaden nichts. Manchmal werden sie auch zur medizinischen Behandlung genutzt. Aber bereits etwas größere elektrische Ströme können den Menschen verletzen oder sogar töten. Schon Ströme aus elektrischen Quellen über 25 V können lebensgefährlich sein. Steckdosen haben 230 V und sind damit für den Menschen äußerst lebensgefährlich.
Bereits schwache Ströme können beim Menschen Krämpfe verursachen, sodass man nicht einmal mehr die Hand von der elektrischen Leitung lösen kann.
Stärkere Ströme verursachen Atmungsbeschwerden, Verbrennungen und Unregelmäßigkeiten der Herztätigkeit. Dies kann zur Bewusstlosigkeit, zum Herzstillstand und damit zum Tod führen. Besonders gefährlich ist es, wenn der Stromweg über das Herz verläuft.

Für den Stromweg Hand-Hand gilt:

2 mA	Strom gerade wahrnehmbar
10 mA	deutliche Verkrampfungen
16 mA	starke Verkrampfungen, heftige Schmerzen
über 40 mA	Strom kann tödlich sein

Manchmal kann aber auch bereits der Schreck beim Berühren einer elektrischen Quelle zu einem Unfall führen. Deshalb muss sich der Mensch vor dem elektrischen Strom schützen und unbedingt die auf S. 64 genannten Regeln zum Umgang mit elektrischem Strom einhalten.

Die elektrische Stromstärke in unverzweigten und verzweigten Stromkreisen

Elektrische Geräte und Bauteile können in einem Stromkreis in Reihe oder parallel zueinander geschaltet werden.

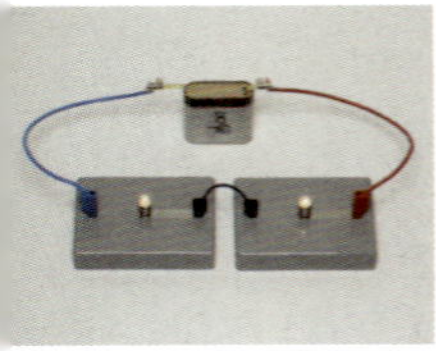

In einem **unverzweigten Stromkreis,** z. B. bei der Reihenschaltung von zwei Glühlampen (Abb. 1), bewegt sich der gesamte Elektronenstrom durch die Leitungen und die Geräte. Die Elektronen können weder entweichen noch hinzukommen. Sie können sich auch nicht stauen.

Ähnlich ist das in einem Wasserstromkreis: An verschiedenen Stellen fließt jeweils die gleiche Wassermenge je Zeiteinheit durch die Querschnittsfläche der Rohre.

> **Für die elektrische Stromstärke in unverzweigten Stromkreisen gilt:**
>
> $I = I_1 = I_2$

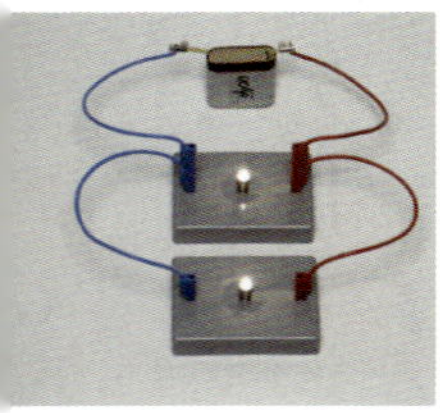

In **verzweigten Stromkreisen** teilt sich der Elektronenstrom an den Verzweigungspunkten in zwei Teilströme auf (Abb. 2). Ein Teil bewegt sich durch die Glühlampe 1, der andere Teil durch die Glühlampe 2. Sind die Glühlampen unterschiedlich, so sind auch die Ströme der Elektronen unterschiedlich groß.

Auch im Wasserstromkreis verteilt sich der Wasserfluss auf die beiden Zweige. Dabei geht aber kein Wasser verloren.

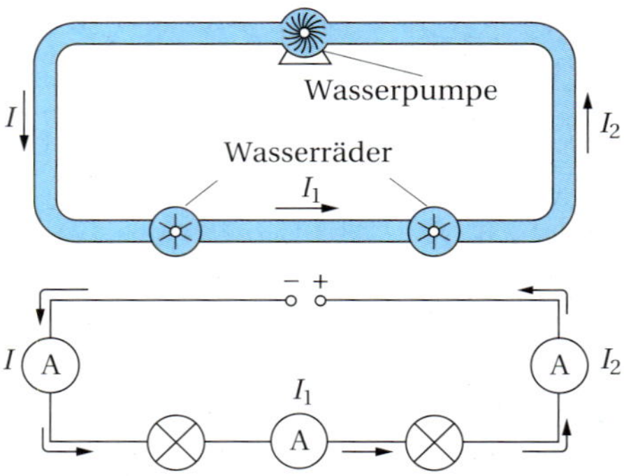

1 ▸ Stromstärken im unverzweigten Stromkreis

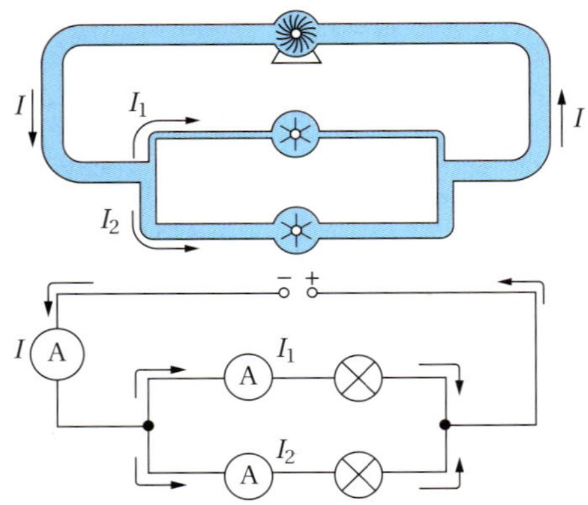

2 ▸ Stromstärken im verzweigten Stromkreis

> **Für die elektrische Stromstärke in verzweigten Stromkreisen gilt:**
>
> $I = I_1 + I_2$

Methode

Voraussagen physikalischer Erscheinungen

Die elektrische Stromstärke in Stromkreisen kann man mithilfe eines Wassermodells gut veranschaulichen. Modelle kann man aber auch nutzen, um **Voraussagen** zu treffen.

Beim Voraussagen wird auf der Grundlage von Gesetzen und Modellen eine Folgerung in Bezug auf eine Erscheinung in Natur und Technik abgeleitet. Dabei muss von den Wirkungsbedingungen der Gesetze bzw. den Grenzen der Modelle ausgegangen werden.

Beim Voraussagen sollte man deshalb wie folgt vorgehen:

1. Beschreibe die für das Wirken von Gesetzen und Anwenden von Modellen wesentlichen Seiten in der Erscheinung! Lasse unwesentliche Seiten unberücksichtigt!
2. Nenne Gesetze und Modelle, die der Erscheinung zugrunde liegen, weil deren Wirkungsbedingungen vorliegen!
3. Leite Folgerungen für die Erscheinung ab!

Physik in Natur und Technik

Aufbau und Wirkungsweise von Sicherungen

Die wichtigsten Arten von Sicherungen sind **Schmelzsicherungen** und **Sicherungsautomaten.**

Wie sind Sicherungen aufgebaut? Wie funktionieren sie?

Bei **Schmelzsicherungen** (Abb. 1) nutzt man die Wärmewirkung des elektrischen Stroms aus. Wird der Strom im Stromkreis zu groß, dann schmilzt der Schmelzdraht. Der Stromkreis wird dadurch unterbrochen.

Bei **Sicherungsautomaten** werden die Wärmewirkung und die magnetische Wirkung des elektrischen Stroms genutzt. Bei einem langsamen Anstieg der Stromstärke erwärmt sich der Bimetallstreifen. Bei Überschreitung des maximalen Wertes der Stromstärke wird die Klinke 1 (Abb. 2) ausgelöst und damit der Stromkreis unterbrochen.

Bei einem schnellen Anstieg der Stromstärke, z. B. bei einem Kurzschluss, wirkt der Elektromagnet. Klinke 2 wird ausgelöst und damit der Stromkreis ebenfalls unterbrochen.

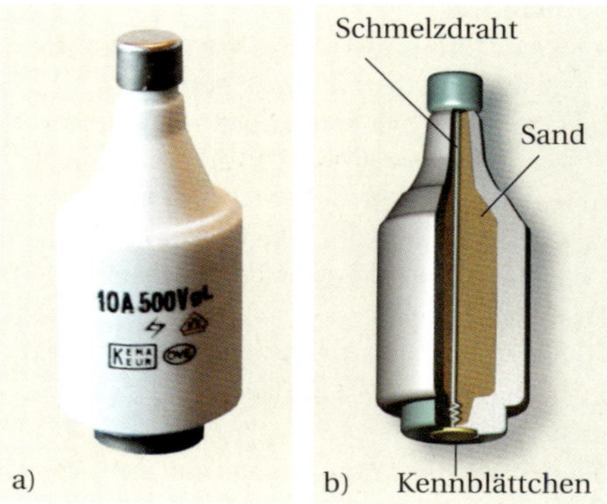

1 ▸ Schmelzsicherung (a) und ihr Aufbau (b)

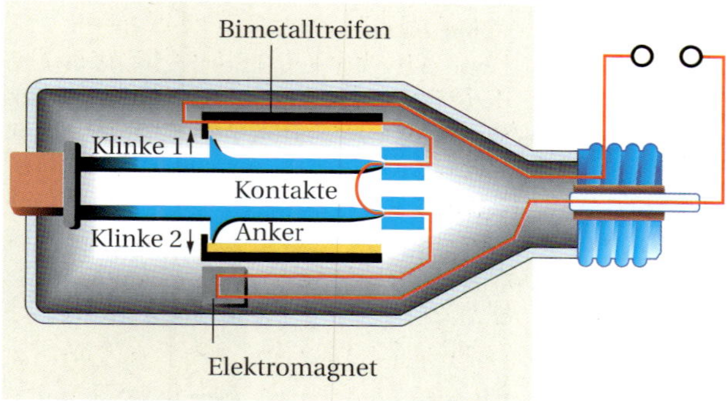

2 ▸ Aufbau eines Sicherungsautomaten

Eine Wechselschaltung erspart Wege

In großen Räumen, langen Fluren oder Treppenhäusern möchte man eine Lampe von verschiedenen Stellen aus- und einschalten können. Dazu benutzt man Umschalter, auch Wechselschalter genannt.

Entwirf einen Schaltplan für eine solche Anlage! Baue ein Modell für eine solche Anlage auf!

Im Modell (Abb. 3) und beim Schaltplan ist der Stromkreis geschlossen. Die Lampe leuchtet. Wird einer der beiden Schalter umgeschaltet, ist der Stromkreis geöffnet. Die Lampe erlischt.

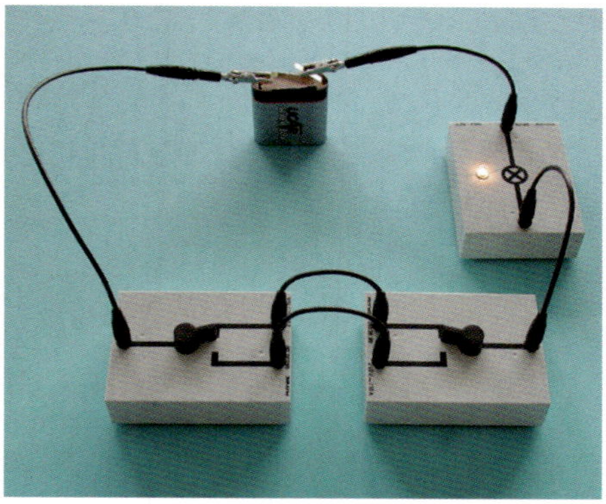

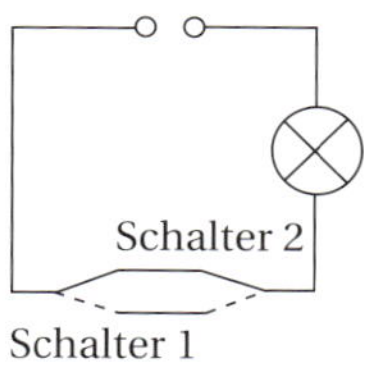

3 ▸ Modell einer Wechselschaltung

Experimente

Die elektrische Stromstärke

Experiment 1
Plane einen Versuch, mit dem du herausfinden kannst, welcher von zwei Wasserströmen der größere ist! Prüfe deine Ideen nach, indem du den Versuch ausführst!

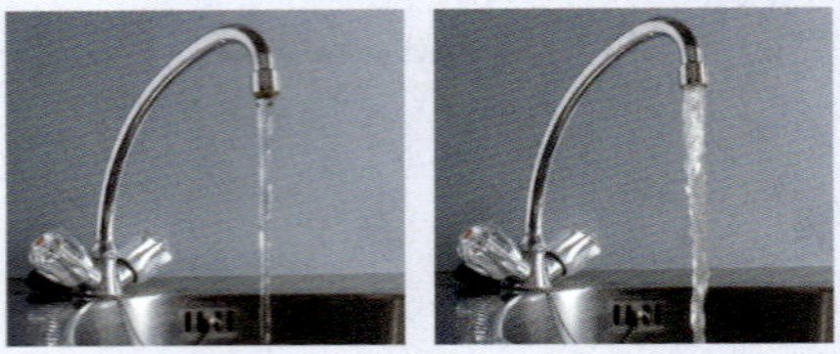

Experiment 2
Wie kannst du erreichen, dass eine Lampe in einem Stromkreis mal schwach, dann sehr hell leuchtet? Führe entsprechende Experimente durch!

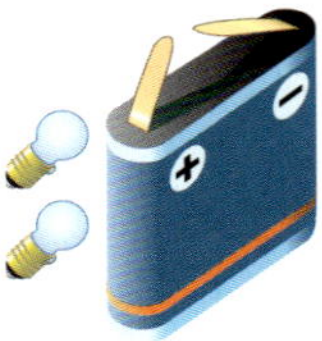

Experiment 3
Versuche, wie du zwei gleiche Lämpchen an eine Flachbatterie halten musst, damit sie gleichzeitig leuchten!

Experiment 4
Bestätige das Gesetz für die elektrische Stromstärke in einem unverzweigten Stromkreis!
Vorbereitung:
Wie lautet das Gesetz?
Zeichne einen Stromkreis mit zwei Glühlampen!
Durchführung:
a) Baue die Schaltung auf!
b) Miss an drei Stellen die elektrische Stromstärke und notiere die Messwerte!

I in mA	I_1 in mA	I_2 in mA
...	...	...

Auswertung:
a) Beantworte die experimentelle Aufgabe!
b) Wodurch könnte die Genauigkeit der Messergebnisse beeinflusst worden sein?
c) Was kann man, ausgehend von den experimentellen Ergebnissen, zum Begriff „Stromverbrauch" sagen?

Experiment 5
Bestätige das Gesetz für die elektrische Stromstärke in einem verzweigten Stromkreis!
Durchführung:
a) Baue die Schaltung auf!

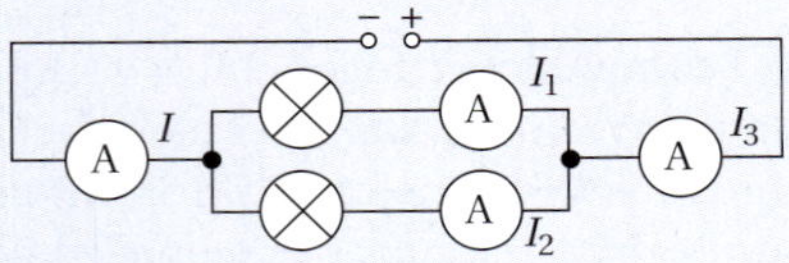

b) Miss an vier Stellen die elektrische Stromstärke und notiere die Messwerte!

I in mA	I_1 in mA	I_2 in mA	I_3 in mA
...	...	...	...

Auswertung:
Beantworte die experimentelle Aufgabe!

Experiment 6
Zwei Glühlampen gleicher Bauart sind in einem Stromkreis parallel geschaltet. Untersuche die Stromstärke an verschiedenen Stellen im Stromkreis (s. Abb.)!

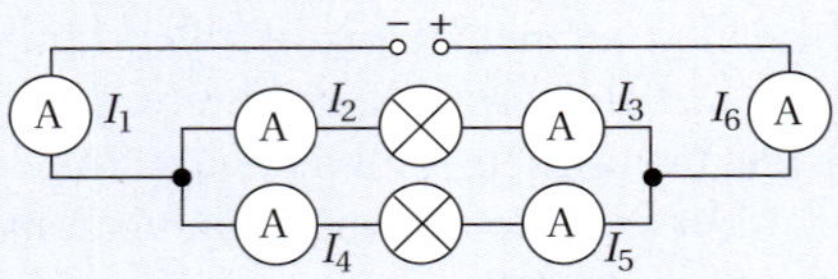

Vorbereitung:
a) Sage voraus, welche Strommesser die gleiche Stromstärke anzeigen!
b) Überlege, was man über den Zusammenhang der Stromstärken I_1, I_2 und I_4 aussagen kann!
c) Was kann man über die Helligkeit beider Lampen voraussagen?
Durchführung:
Überprüfe deine Voraussagen in einem Experiment!
Auswertung:
Vergleiche die Voraussagen mit den Versuchsergebnissen!

Aufgaben

1. Benenne in den folgenden Aussagen, was strömt! Wie kann man feststellen, wie groß die jeweilige „Stromstärke" ist?
  a) Der Verkehrsstrom auf der neu gebauten Autobahn A 20 reißt nicht ab.
  b) Riesige Wassermassen strömten in der Elbe in Richtung Dresden.
  c) Zur Leipziger Buchmesse strömen Schaulustige aus nah und fern.
  d) Beim Klingelzeichen strömen alle auf den Schulhof.

2. Ein Garten wird eine Stunde lang mit Wasser gesprengt. Die Wasseruhr zeigt an, dass in dieser Stunde 540 Liter Wasser verbraucht wurden.
  a) Wie viele Liter Wasser strömen pro Minute bzw. pro Sekunde durch den Querschnitt des Wasserschlauchs?
  b) Wie groß ist die „Wasserstromstärke" in diesem Fall?

3. Eine Lampe in einem Stromkreis leuchtet mal schwach, dann sehr hell. Formuliere diese Aussage mithilfe des Begriffs Stromstärke!

4. In der Skizze wurde dieselbe Glühlampe mit einer Flachbatterie verbunden.
Was ist gleich? Was ist unterschiedlich? Begründe!

5. Bei einer Fahrradbeleuchtung führt jeweils nur ein Draht zum Scheinwerfer und zum Rücklicht.
  a) Warum leuchten die Lampen trotzdem, wenn der Dynamo in Betrieb ist?
  b) Zeichne einen Schaltplan für die Beleuchtungsanlage eines Fahrrades!
  c) Was passiert, wenn die Isolierung eines Kabels an einer Stelle durchgescheuert ist und das Kabel am Rahmen anliegt? Begründe!

6. Der Scheinwerfer an Ulrikes Fahrrad leuchtet beim Betrieb des Dynamos nicht. Woran könnte das liegen? Was müsste sie tun, um den Fehler zu finden und zu beheben?

7. Nachdem Mathias seine Fahrradbeleuchtung repariert hat, kommt er zu dem Schluss, dass man in Stromkreisen grundsätzlich die zweite Zuleitung sparen könne. Was hältst du davon? Begründe deine Aussage physikalisch!

8. Beschreibe den Aufbau und die Wirkungsweise einer Wechselschaltung!

9. Zwei Glühlampen gleicher Bauart sind an eine elektrische Quelle angeschlossen (Abb. A, B).

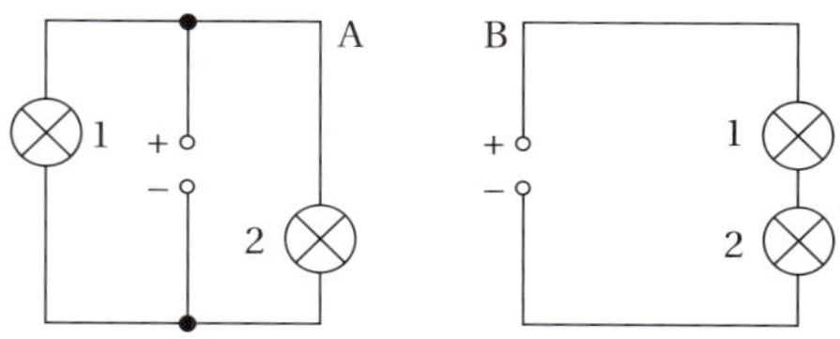

  a) Was passiert, wenn jeweils eine der beiden Lampen aus der Fassung herausgeschraubt wird?
  b) Vergleiche die Helligkeit der beiden Glühlampen in der Schaltung A und B!

10. Die Einheit der Stromstärke ist nach A. M. Ampère benannt. Informiere dich über sein Leben und Wirken!

11. Gib die folgenden Stromstärken in den angegebenen Einheiten an:

a) 2,4 A, 0,27 A und 0,08 A in mA;
b) 320 mA, 81 mA und 6 mA in A;
c) 14 mA, 280 mA und 4 650 mA in A;
d) 1,8 A, 0,75 A und 0,023 A in mA

12. An einem Vielfachmessgerät werden nacheinander die Messbereiche

a) 10 mA,
b) 100 mA und
c) 300 mA eingestellt.

Lies die elektrische Stromstärke jeweils für die Zeigerstellungen A bis D im Bild ab!

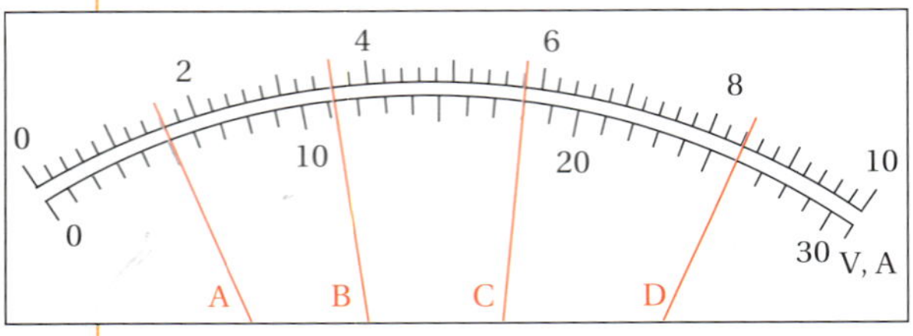

13. Warum solltest du an einem Vielfachmessgerät zunächst den größten Messbereich einstellen, wenn du die elektrische Stromstärke messen willst?

14. Begründe, warum ein Strommesser stets in Reihe zu dem elektrischen Gerät geschaltet werden muss, für das die Stromstärke ermittelt werden soll!

15. Ein Motor und eine Glühlampe sind in einem Stromkreis parallel geschaltet.

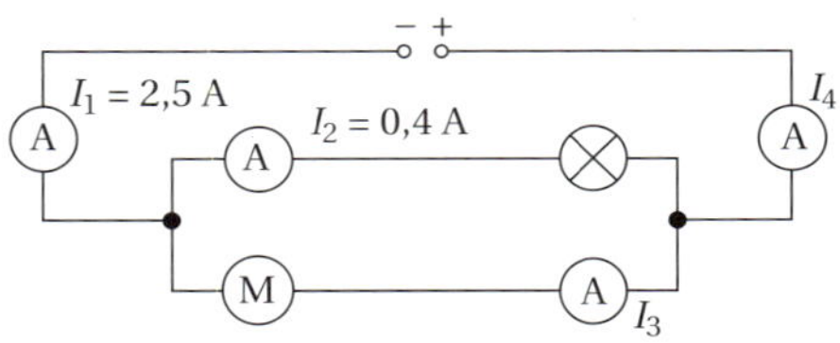

Wie groß sind die Stromstärken I_3 und I_4? Begründe!

16. Beschreibe den Aufbau und erkläre die Wirkungsweise einer Schmelzsicherung!

17. Im Haushalt ist ein elektrischer Stromkreis mit einer Sicherung von 10 A abgesichert. Angeschaltet sind der Kühlschrank ($I_1 = 0{,}4$ A), das Fernsehgerät ($I_2 = 0{,}3$ A) und ein elektrischer Heizkörper ($I_3 = 3{,}5$ A). Außerdem sind zwei elektrische Kochplatten ($I_4 = 5{,}2$ A) in Betrieb. Was geschieht, wenn nun noch ein Mikrowellenherd ($I_5 = 3{,}5$ A) angeschaltet wird? Begründe!

18. Zwei Glühlampen gleicher Bauart sind in einem Stromkreis parallel geschaltet. An verschiedenen Stellen sind Strommesser eingebaut.

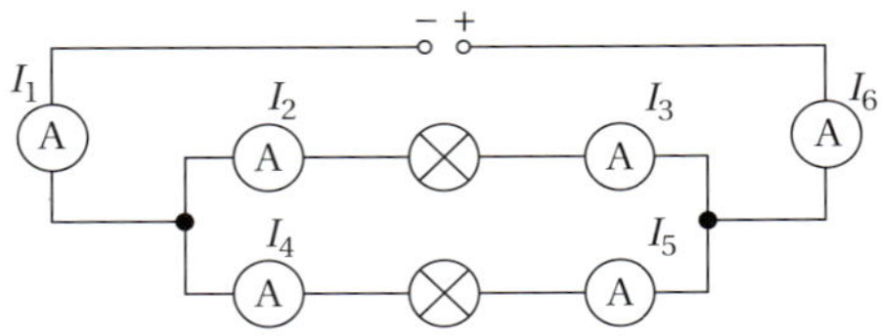

a) Welche Strommesser zeigen die gleiche Stromstärke an?
b) Was kann man über die Stromstärken I_1, I_2 und I_4 aussagen?
c) Vergleiche die Helligkeit beider Glühlampen!

19. In einem Experiment wurden zwei Lampen unterschiedlicher Bauart an eine elektrische Quelle von 230 V angeschlossen (s. Abb.).

Zeichne den entsprechenden Schaltplan!

Das Wichtigste auf einen Blick

Die elektrische Stromstärke

Der elektrische Strom ist nur an seinen Wirkungen zu erkennen.

- **Lichtwirkung**

- **magnetische Wirkung**

- **Wärmewirkung**

- **chemische Wirkung**

Die elektrische Stromstärke *I* gibt an, wie viele Ladungsträger sich in jeder Sekunde durch den Querschnitt eines Leiters bewegen.
Einheiten: 1 A, 1 mA 1 A = 1000 mA
Messgerät: Strommesser (Amperemeter)
Strommesser sind in Reihe zum elektrischen Gerät zu schalten.

Reihenschaltung von Bauteilen
(unverzweigter Stromkreis)

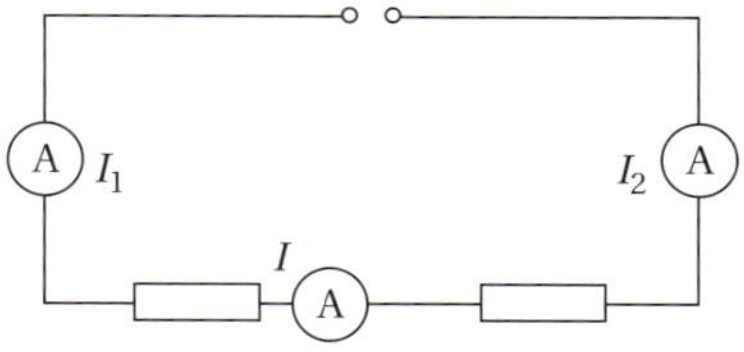

Die Stromstärke ist an allen Stellen gleich groß.

$I = I_1 = I_2$

Parallelschaltung von Bauteilen
(verzweigter Stromkreis)

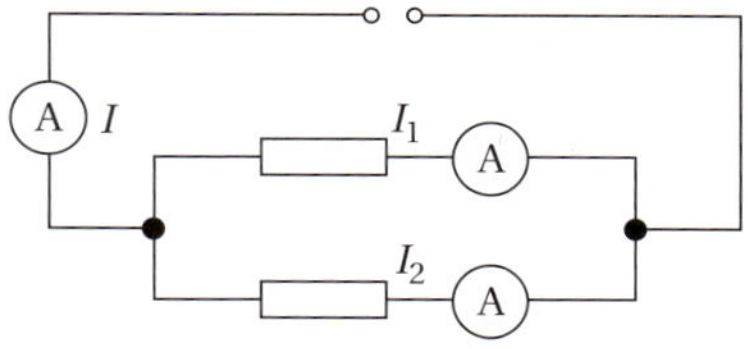

Die Gesamtstromstärke I ist gleich der Summe der Teilstromstärken I_1 und I_2.

$I = I_1 + I_2$

Für den Umgang mit elektrischem Strom sind unbedingt Regeln einzuhalten (s. S. 64, 65), um Schäden und Unfälle zu vermeiden.

2.2 Elektrische Spannung

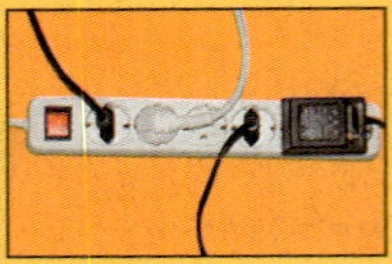

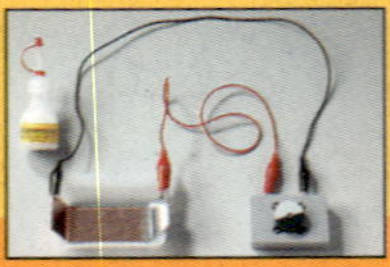

Spannung erzeugt von Fischen? Einige Fische, wie der im Süßwasser lebende südamerikanische Zitteraal, können Spannungen von mehreren Hundert Volt erzeugen. Der dadurch kurzzeitig im Wasser fließende Strom reicht aus, um ihre Beute zu betäuben oder gar zu töten. Gleichzeitig schützen sie sich so vor ihren natürlichen Feinden.
Wie kann ein Zitteraal so hohe Spannungen erzeugen?

Überall die gleiche Spannung? Ein Computerarbeitsplatz wird eingerichtet. Damit kommen zu der großen Anzahl elektrischer Geräte in unserem Haushalt noch weitere hinzu, sodass oft Steckdosen fehlen. Eine Verteilerleiste kann Abhilfe schaffen.
Wodurch wird erreicht, dass Steckdosen in Wohnungen und die Verteilerleiste dieselbe Netzspannung liefern?

Die elektrische Spannung

Damit sich Elektronen gerichtet durch einen elektrischen Leiter bewegen können, müssen Kräfte auf sie wirken. Diese Kräfte entstehen dadurch, dass ein elektrischer Leiter an eine elektrische Quelle angeschlossen wird.
Die elektrische Quelle treibt die Elektronen und damit den elektrischen Strom an. Man sagt auch, die elektrische Quelle besitzt eine elektrische Spannung und treibt damit die elektrischen Ladungsträger bzw. den elektrischen Strom an.

Verschiedene elektrische Quellen können den elektrischen Strom unterschiedlich stark antreiben. Dadurch werden auch die Wirkungen des elektrischen Stroms beeinflusst. Die Stärke des Antreibens wird durch die physikalische Größe **elektrische Spannung** beschrieben.

Die Einheit 1 V ist nach dem italienischen Naturforscher ALESSANDRO VOLTA benannt, der viele elektrische Erscheinungen erforscht hat (Abb. 1).

Elektrische Spannungen in Natur und Technik	
Körperzellen des Menschen	0,07 V
Knopfzelle	1,35 V
Monozelle, Mignonzelle	1,5 V
Flachbatterie	4,5 V
Fahrraddynamo	6 V
Autobatterie	12 V
Modelleisenbahn	bis 24 V
Haushaltssteckdose	230 V
Straßenbahn	500 V
Zitteraal	bis 800 V
Elektrolokomotive	15 kV
Generator im Kraftwerk	15 kV
Überlandleitung	bis 380 kV
zwischen Wolken und Erde (Gewitter)	bis 10^9 V

1 ▸ ALESSANDRO VOLTA (1745–1827) konstruierte um 1800 die ersten brauchbaren Spannungsquellen.

M

Die elektrische Spannung gibt an, wie stark der Antrieb des elektrischen Stromes ist.

Formelzeichen: U
Einheit: **1 Volt (1 V)**

VOLTA erfand auch den Vorläufer unserer heutigen Batterien, die es inzwischen in den unterschiedlichsten Bauformen gibt (Abb. 2).
Vielfaches der Einheit 1 V ist ein Kilovolt (1 kV). **Teil der Einheit 1 V** ist ein Millivolt (1 mV).

1 kV = 1 000 V
1 V = 1 000 mV

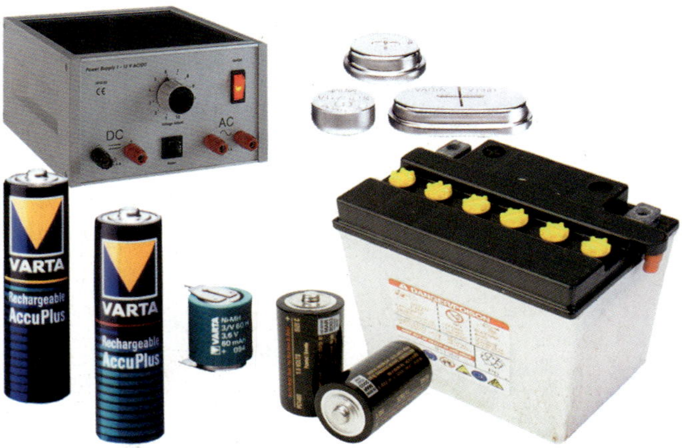

2 ▸ Verschiedene elektrische Quellen

Messen der elektrischen Spannung

Die elektrische Spannung wird mit **Spannungsmessern,** auch **Voltmeter** genannt, gemessen. Die Spannung kann sowohl an der elektrischen Quelle als auch am Gerät gemessen werden. Da eine Spannung stets zwischen zwei unterschiedlichen Punkten anliegt, sind Spannungsmesser *parallel* zu dem Gerät zu schalten, an dem die Spannung gemessen werden soll (Abb. 1).

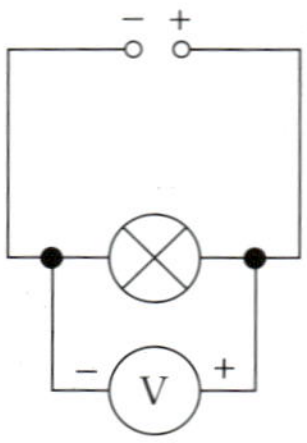

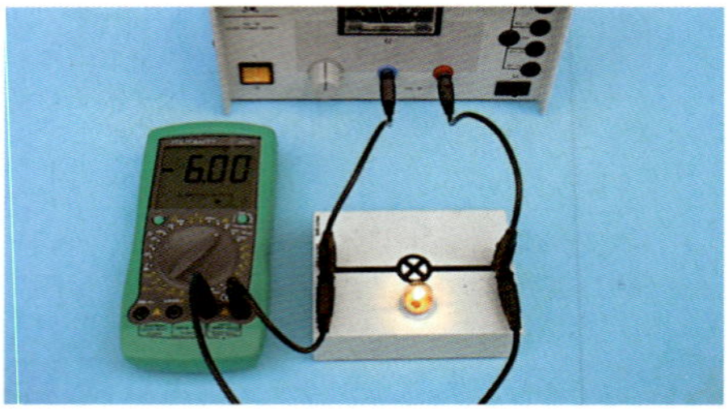

1 ▸ Spannungsmesser sind immer parallel zu dem betreffenden elektrischen Gerät zu schalten.

Dabei ist auf eine Übereinstimmung der Polung des Spannungsmesser und der Polung der elektrischen Quelle zu achten: Die mit „+“ gekennzeichnete Buchse muss mit dem Pluspol der elektrischen Quelle verbunden werden, die mit „–“ gekennzeichnete Buchse mit dem Minuspol.

Methode

Messen mit einem Vielfachmessgerät

1. Stelle die Stromart (Gleichstrom oder Wechselstrom) am Messgerät ein!
2. Stelle den größten Messbereich für die Stromstärke bzw. Spannung am Messgerät ein!
3. Schalte das Messgerät
   a) in Reihe zum elektrischen Gerät, um die Stromstärke zu messen und
   b) parallel zum elektrischen Gerät, um die Spannung zu messen.
   Achte auf die Polung!
4. Schalte den Messebreich so weit herunter, dass im letzten Drittel der Skala abgelesen werden kann!
5. Lies die jeweilige Größe ab! Beachte dabei, dass der eingestellte Messbereich den Höchstwert der Skala angibt!

Messprinzipien für Stromstärke und Spannung

Häufig angewendet werden **Drehspulinstrumente** (Abb. 2a), die die magnetische Wirkung des elektrischen Stroms nutzen. Eine Spule ist drehbar zwischen den beiden Polen eines Dauermagneten gelagert. Durch diese Spule fließt der Strom, dessen Stärke gemessen werden soll. Je nach der Stärke des Stroms wird die Spule mehr oder weniger gedreht. Und je nach Richtung des Stroms, dreht sie sich in die eine oder andere Richtung. Deshalb ist bei diesen Instrumenten genau auf die Polung zu achten. Die Spiralfedern bewirken, dass der Zeiger immer wieder in seine Ausgangsstellung zurückkehrt.

Eine andere Möglichkeit wird in einer **Spannungswaage** genutzt (Abb. 2b). Verbindet man den Plus- und Minuspol einer elektrischen Quelle mit je einer der Metallplatten, so ziehen sich diese wegen der gegensätzlichen Ladungen an. Je größer die Spannung, desto größer die Anziehungskräfte.

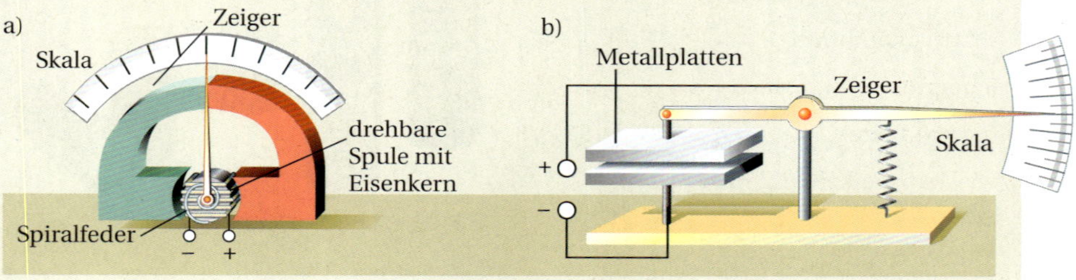

2 ▸ Prinzipieller Aufbau eines Drehspulinstrumentes (a) und einer Spannungswaage (b)

Die elektrische Spannung in unverzweigten und verzweigten Stromkreisen

In **unverzweigten Stromkreisen** sind die elektrischen Geräte, z. B. zwei Glühlampen, in Reihe geschaltet (Abb. 1). Die Stärke des Antriebs der elektrischen Quelle, die Spannung *U*, teilt sich auf beide Lampen auf. An den Lampen liegen die Teilspannungen U_1 und U_2 an.

> **Für die elektrische Spannung in unverzweigten Stromkreisen gilt:**
>
> $U = U_1 + U_2$

Schaltet man z. B. zwei Glühlampen gleicher Bauart in Reihe, dann liegt an jeder der Glühlampen die Hälfte der Spannung *U* der elektrischen Quelle.

Bei einer Partybeleuchtung teilt sich die Gesamtspannung auf alle Lämpchen von 6 V auf, sodass diese Lichterkette direkt an 230 V angeschlossen werden kann.

In **verzweigten Stromkreisen** existiert an den Verzweigungspunkten derselbe Antrieb für beide Teilströme (Abb. 3). Die Teilspannungen in den einzelnen Zweigen sind gleich der Gesamtspannung *U* der elektrischen Quelle.

> **Für die elektrische Spannung in verzweigten Stromkreisen gilt:**
>
> $U = U_1 = U_2$

Schaltung von elektrischen Quellen

Um einen größeren Antrieb des elektrischen Stroms zu erhalten, werden mehrere elektrische Quellen in Reihe geschaltet (Abb. 2). Die Spannungen der einzelnen Quellen addieren sich zu einer Gesamtspannung. Das wird z. B. bei Taschenlampen, Transistorradios und anderen batteriebetriebenen Geräten genutzt, um die erforderliche Betriebsspannung zu erhalten. Man verwendet 2, 3 oder 4 Batterien.

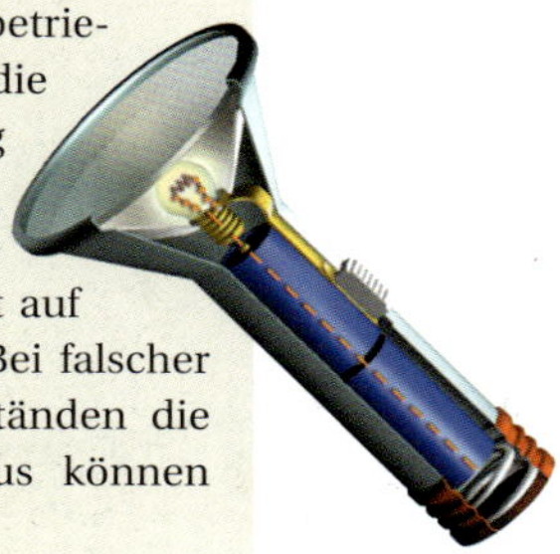

Beim Einsetzen der Batterien ist auf die richtige Polung zu achten. Bei falscher Polung erhält man unter Umständen die Spannung null. Darüber hinaus können Schäden am Gerät auftreten.

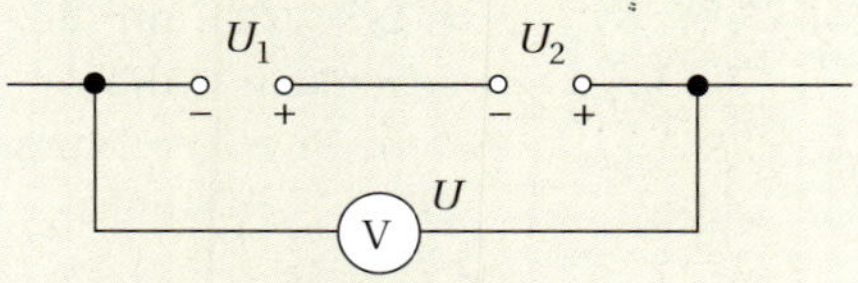

$U = U_1 + U_2$

2 ▸ Reihenschaltung von elektrischen Quellen

Elektrische Quellen können auch parallel zueinander geschaltet werden. Dann ist die Gesamtspannung gleich der Spannung der einzelnen Quelle.

Die Schaltung hat den Vorteil, dass mit ihr ein elektrisches Gerät länger betrieben werden kann als nur mit einer einzigen Quelle. In den parallel geschalteten Quellen ist mehr Energie gespeichert.

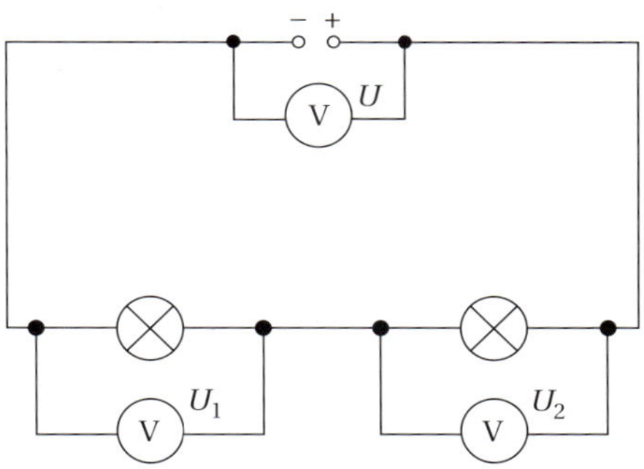

1 ▸ Spannungen im unverzweigten Stromkreis

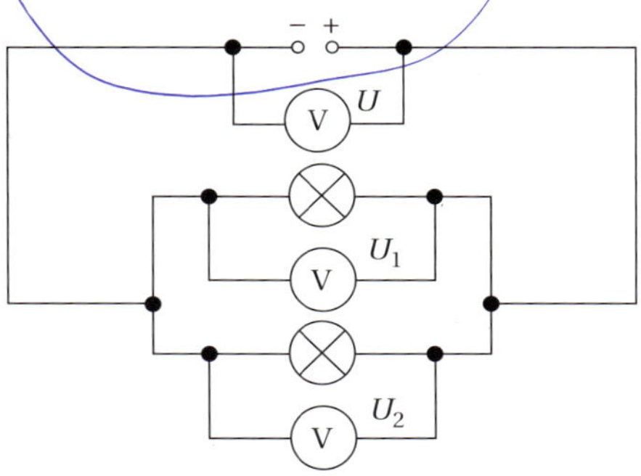

3 ▸ Spannungen im verzweigten Stromkreis

Damit an jedem Haushaltsgerät eine Spannung von 230 V anliegt, werden die Geräte parallel geschaltet.

Projekt

Galvanische Spannungsquellen

Zwei italienische Streithähne ...

Elektrizität kannte man schon im Altertum. Eine technische Nutzung begann jedoch erst, nachdem um 1800 eine Reihe wichtiger Entdeckungen und bedeutender Erfindungen gemacht worden waren. Dazu gehörten die berühmten Versuche von zwei Italienern, dem Mediziner LUIGI GALVANI (1737–1798) mit Froschschenkeln (Abb. 1) und dem Physiker ALESSANDRO VOLTA (1745–1827) mit der „Tassenkrone" (Abb. links).

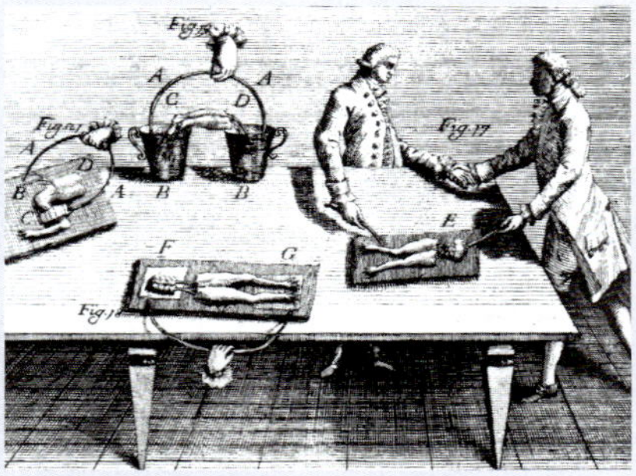

1 ▸ GALVANIS Froschschenkelversuche: Bei Verwendung verschiedener Metalle zuckten die Froschschenkel.

Alles begann mit Froschschenkeln!

Die „Tassenkrone" von VOLTA: In den Gefäßen befindet sich eine leitende Flüssigkeit. Die Verbindungen bestehen aus verschiedenen Metallen.

1. *Erkunde, worin die großartigen Leistungen von GALVANI und VOLTA bestanden!*
   Worum ging es in ihrem berühmt gewordenen Streit?
   Nutze für deine Recherche das Internet! Mögliche Adressen sind: **www.schuelerlexikon.de, www.physikfuerkids.de.**

Nutze unter der Adresse www.physikfuerkids.de die Rubriken:
Geschichte
Labor

2. *Präsentiere das Ergebnis deiner Recherche in einem Poster!*
   Hinweise zur Anfertigung findest du auf der Seite 95.

Auf den Spuren von VOLTA

ALESSANDRO VOLTA entdeckte 1794, dass für das Zustandekommen von elektrischen Strömen zwei verschiedene Leiter und eine leitende Flüssigkeit erforderlich sind. Das Prinzip der Monozelle bzw. der Batterie war gefunden worden (Abb. links). VOLTA untersuchte auch, unter welchen bedingungen eine besonders große Spannung auftritt. Mit den Metallen Kupfer und Zink und der leitenden Flüssigkeit verdünnte Schwefelsäure machte er die besten Erfahrungen.

Eine solche Anordnung bezeichnet man als VOLTA-Element:

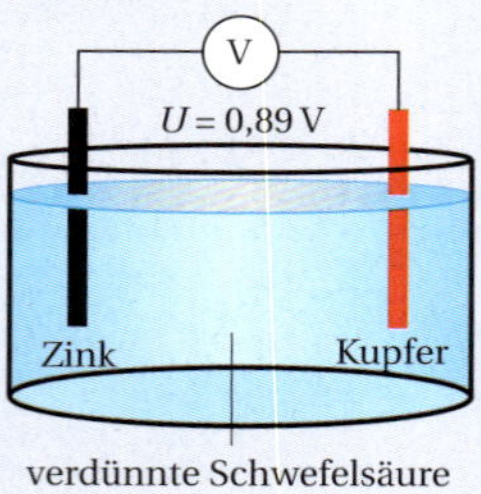

3. *Baue ein VOLTA-Element (Abb. links)! Verwende ebenso wie VOLTA Kupfer und Zink als Metalle, aber als leitende Flüssigkeit Salzwasser! Wie groß ist die Spannung zwischen den beiden Metallen?*

Projekt

Eine noch einfachere Anordnung eines **VOLTA-Elements** zeigt die nebenstehende Abbildung.

4. *Baue eine einfache elektrische Quelle (Abb. rechts)! Anstelle der beiden Metallplättchen kannst du auch einen Nagel aus Eisen und einen Draht aus Kupfer verwenden.*

5. *Ersetze den Apfel durch einen Apfelsine oder eine Zitrone! Wie ändert sich die jeweilige Spannung?*

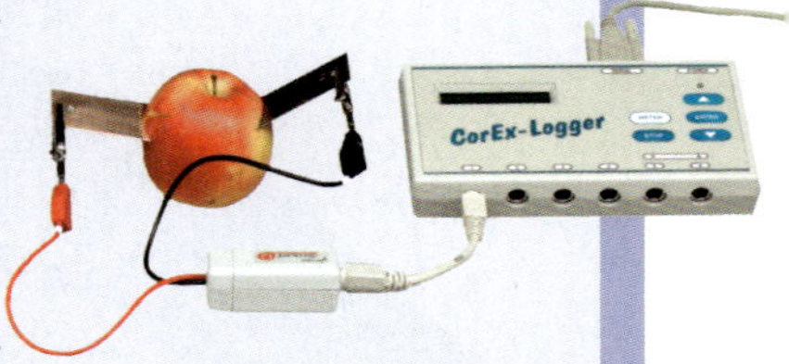

Besonders interessant ist der Bau einer Kartoffelbatterie, bei der mehrere Kartoffeln in Reihe geschaltet werden. Eine genauere Anleitung erhältst du unter der Adresse **www.physikfuerkids.de,** wenn du die Schritte Labor, Elektrizität und Kartoffel-Batterie anklickst.

6. *Plane ein Experiment um herauszufinden, ob die Spannung von der Größe der Fläche und vom Abstand der Metallplatten abhängt! Führe das Experiment durch!*

VOLTA verbesserte ständig die Anordnungen, um größere Spannungen zu erzeugen. Mit Anordnungen, die nach ihm **voltasche Säule** (Abb. rechts) genannt werden, konnten Spannungen von 50 V bis 100 V erreicht werden.

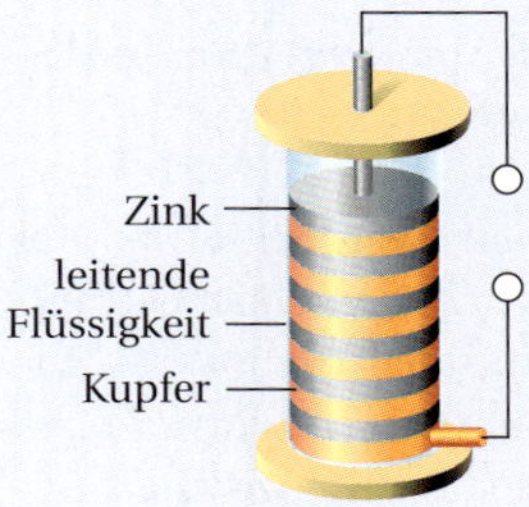

*VOLTA schrieb im März 1800 in einem Brief:
"... dreißig, vierzig ... oder mehr Kupferstücke, ... jedes in Verbindung mit einem Stück Zink; ferner eine gleiche Anzahl von Schichten, z. B. Salzwasser, Lauge oder dergleichen; eine solche Anlage der Leiter stets in der gleichen Weise wiederholt; das ist alles, woraus mein neuer Apparat besteht".*

Moderne elektrische Quellen

Viele elektrische Geräte funktionieren mit Batterien, die eine Weiterentwicklung des VOLTA-Elements und der voltaschen Säule darstellen. Diese Monozellen (Abb. 1) und Batterien sehen ganz verschieden aus und sind auch unterschiedlich aufgebaut.

7. *Untersuche den Aufbau einer Monozelle! Beachte, dass Batterien Sondermüll sind, und entsorge die Reste entsprechend!*

8. *Stelle eine Übersicht über Batterien zusammen, die in Geräten verwendet werden! Gib ihre Spannung an!
Warum muss es unterschiedliche Arten von Batterien geben?*

9. *Erkunde, wie wiederaufladbare Batterien (Akkus) aufgebaut sind! Was geschieht beim Aufladen eines Akkumulators?*

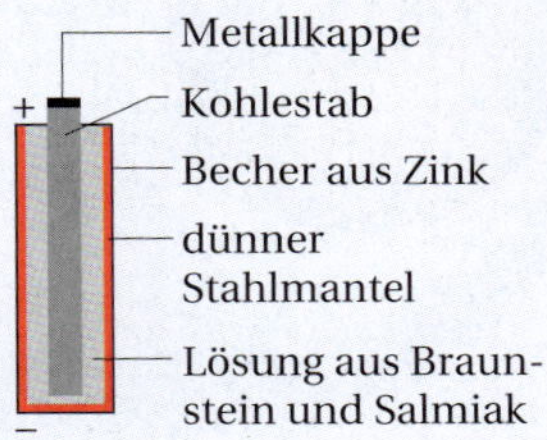

1 ▸ Aufbau einer Monozelle

Physik in Natur und Technik

a)

b)

1 ▸ Zitterfische können elektrische „Schläge" austeilen: Zitterwels (a) und Zitterrochen (b).

Zitterfische sind natürliche elektrische Quellen

Zitteraale gehören wie auch der Zitterrochen und der Zitterwels zu den etwa 200 vorkommenden Arten der **Zitterfische** (Abb. 1).

Erläutere, wie Zitteraale und Zitterrochen elektrische Spannungen erzeugen!

Während Zitteraale Spannungen bis zu 800 V erzeugen können, schaffen es Zitterrochen bis auf 100 V.

Große Zitterrochen werden etwa 1 m lang. Sie kommen an den Küsten tropischer und subtropischer Meere vor. Zitteraale erreichen eine Länge von 2 m. Sie leben im Süßwasser des Amazonas.

Die Spannung entsteht in Muskeln, die zu **elektrischen Organen** umgebildet wurden (Abb. 2). Die elektrischen Organe bestehen aus gallertartigen Plättchen. Diese sind zu Säulen übereinander geschichtet und über einen Nerv miteinander verbunden. Eine Reizung durch das Gehirn polt die vorher elektrisch neutralen Plättchen um: So wird jedes zu einer elektrischen Zelle (Abb. 3).

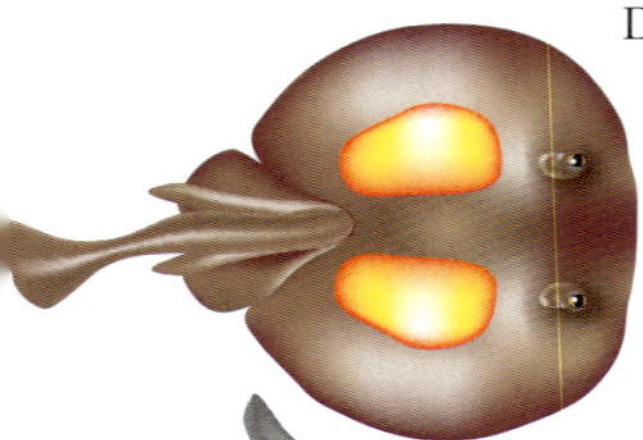

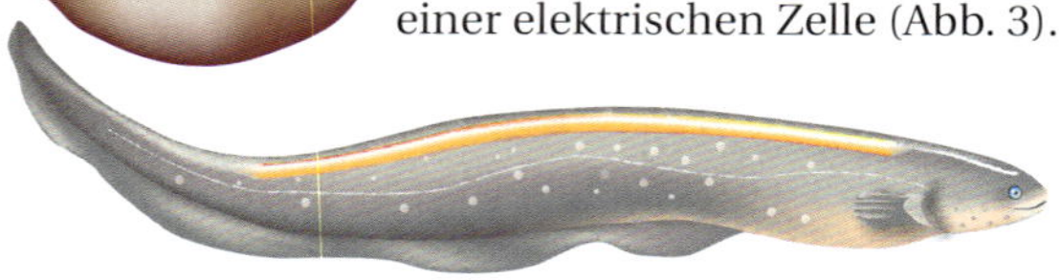

2 ▸ Lage der elektrischen Organe im Zitterrochen und Zitteraal: Hier werden die Spannungen erzeugt.

Eine hohe Anzahl von Plättchen bedeutet, wie bei einer Reihenschaltung von Batterien, eine hohe Spannung.

Der Zitteraal besitzt 70 Säulen mit je 6 000 Plättchen. Bei einer einzelnen Entladung treten Spannungen zwischen 300 V und 800 V auf. Eine mächtige Entladung kann dabei 100 Einzelschläge erreichen, von denen jeder Schlag wenige Millisekunden andauert.

Große Zitterrochen erzeugen Spannungen bis zu 100 V. Da sie im Salzwasser leben, das ein besserer elektrischer Leiter als Süßwasser ist, reicht diese Höhe der Spannung aus, um wirksame elektrische Schläge austeilen zu können.

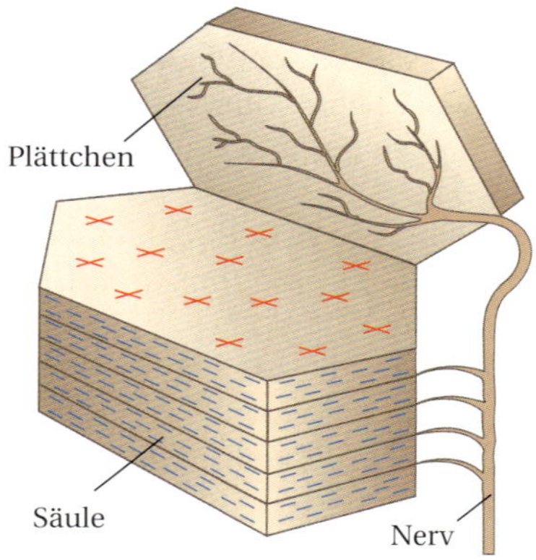

3 ▸ Anordnung und Ladung der Plättchen in einer Säule

Auf die Spannung kommt es an!

Bei einem Schwibbogen (Abb. 2) muss ein Lämpchen in einer der sieben elektrischen Kerzen erneuert werden. Erst jetzt interessiert, was für Angaben auf dem Lämpchen stehen. Um so mehr überrascht die Tatsache, dass an jeder Lampe nur 34 V anliegen dürfen, der Schwibbogen jedoch an 230 V angeschlossen wird.

Wie kann das sein?

Begründe, warum beim Anschluss des Schwibbogens an 230 V die Lämpchen nicht durchbrennen!

Die elektrischen Lämpchen des Schwibbogens sind in Reihe geschaltet (Abb. 1). Nach dem Gesetz für die Spannungen in einem unverzweigten Stromkreis addieren sich die einzelnen Teilspannungen zur Gesamtspannung:

$$U_1 + U_2 + \ldots + U_7 = U$$

Deshalb entfällt auf jede Lampe die gleiche Teilspannung von

$$U_1 = \frac{U}{7} \qquad U_1 = \frac{230\,\text{V}}{7}$$

$$\underline{U_1 = 32{,}9\,\text{V}}$$

Diese Spannung, die geringfügig unter der Betriebsspannung von 34 V liegt, reicht aus, damit jede Lampe hell leuchtet. Die größte Helligkeit entwickelt die Lampe bei der Betriebsspannung von 34 V.

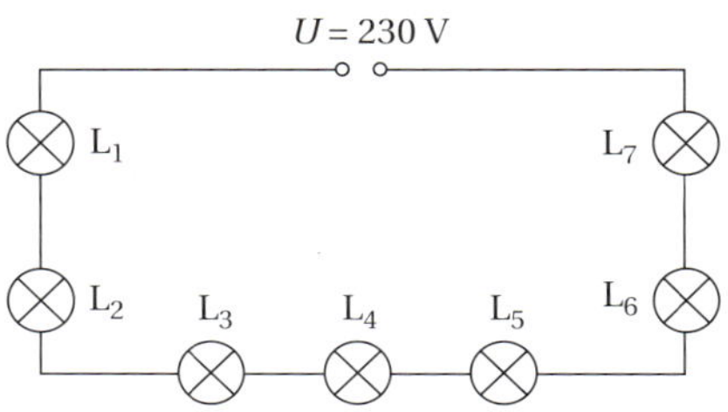

1 ▸ Die Lämpchen des Schwibbogens sind in Reihe geschaltet.

2 ▸ Die Betriebsspannung jedes der sieben Lämpchen in den elektrischen Kerzen des Schwibbogens beträgt 34 V.

Methode

Begründen von Aussagen

Das Begründen zielt darauf ab, den Nachweis zu führen, dass eine Aussage richtig bzw. falsch oder zweckmäßig ist. Dazu müssen Argumente angeführt werden. Solche Argumente können sein: Beobachtungen, Fakten und Gesetze, aber auch Eigenschaften von Körpern und Stoffen.

Beim Begründen solltest du dir folgende Fragen überlegen:

Diese Fragen werden an einem Beispiel beantwortet.

1. *Wie heißt die zu begründende Aussage?*
   Eine elektrische Schaltung ist gründlich zu prüfen, bevor man den Stromkreis schließt.
2. *Welche naturwissenschaftlichen Argumente (z. B. Gesetze, Zusammenhänge, Fakten) sprechen für oder gegen diese Aussage?*
   Beim Aufbau von Schaltungen können leicht Fehler auftreten, die zu einem Kurzschluss oder bei falscher Polung sogar zur Beschädigung von Geräten führen. Um das auszuschließen, ist die Schaltung zu prüfen.

Richtige Polung beachten!

Wird die Begründung auf Meinungen oder Ansichten von Personen gestützt, dann wird sie subjektiv.

Leerlaufspannung und Klemmenspannung

Elektrische Quellen haben eine elektrische Spannung, unabhängig davon, ob sie in einen Stromkreis eingeschaltet sind oder nicht.

Die elektrische Spannung einer Quelle bei offenem Stromkreis nennt man **Leerlaufspannung** (U_L). Die Spannung der Quelle bei geschlossenem Stromkreis heißt **Klemmenspannung** (U_K oder U).

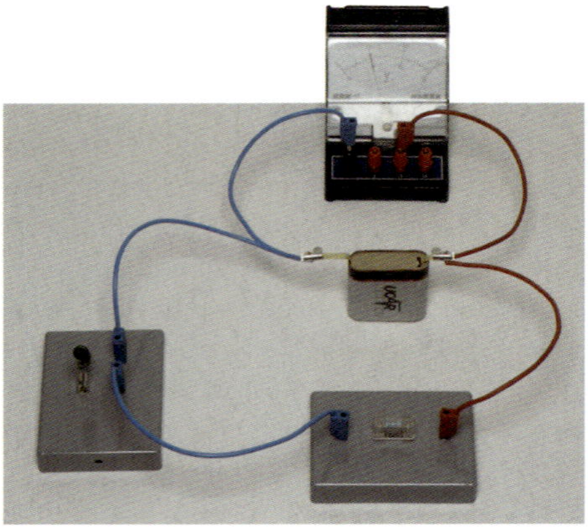

1 ▸ Experimentieranordnung zur Messung von Leerlaufspannung und Klemmenspannung

Leerlaufspannung U_L

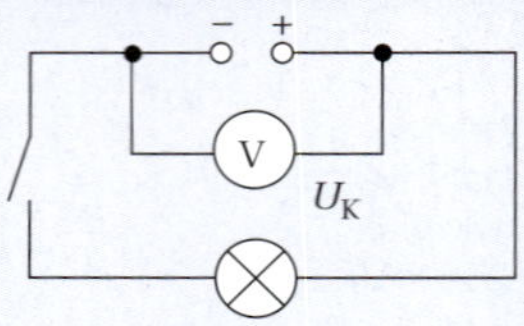

Der Stromkreis ist offen. Das elektrische Gerät arbeitet nicht.

Klemmenspannung U_K

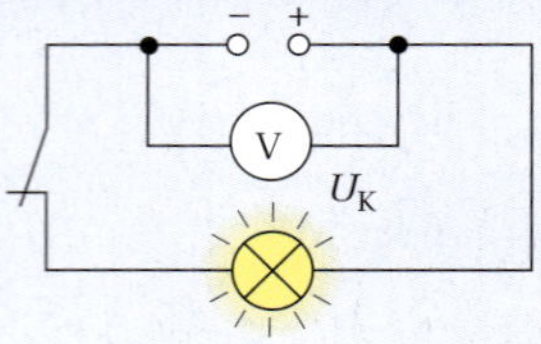

Der Stromkreis ist geschlossen. Das elektrische Gerät arbeitet.

Untersuche experimentell Unterschiede zwischen der Leerlaufspannung und der Klemmenspannung von elektrischen Quellen!

Vorbereitung:

Um die Aufgabe zu lösen, werden Leerlauf- und Klemmenspannung für verschiedene elektrische Quellen gemessen und miteinander verglichen. Als Bauelement wird ein elektrischer Widerstand verwendet.

Schaltplan:

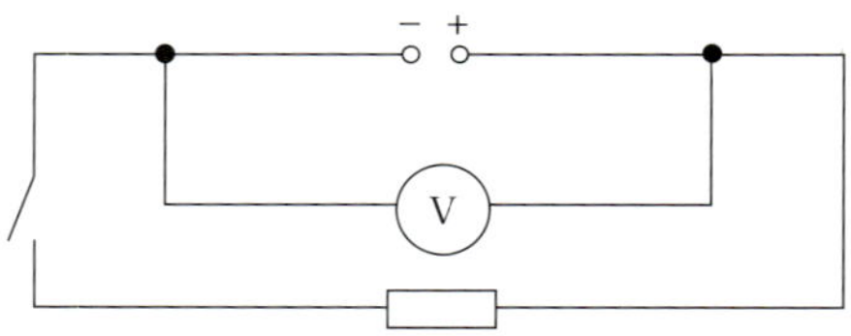

Durchführung:

Die Experimentieranordnung (Abb. 1) wird nach dem Schaltplan aufgebaut. Die Messwerte werden aufgenommen und in die Messwertetabelle eingetragen.

Auswertung:

Elektrische Quelle	U_L in V	U_K in V
Monozelle	1,5	1,3
Flachbatterie	4,5	4,0
Stromversorgungsgerät	8,0	7,5

Im Experiment sind die Klemmenspannungen stets kleiner als die Leerlaufspannungen. Weitere Untersuchungen haben ergeben:

Die Klemmenspannung einer elektrischen Quelle ist stets kleiner als die Leerlaufspannung: $U_K < U_L$ M

Dies ist damit zu erklären, dass die Spannung einer elektrischen Quelle nicht nur den elektrischen Strom durch das elektrische Gerät antreiben muss, sondern auch den Strom durch die elektrische Quelle selbst. Elektrische Geräte haben in der Regel eine bestimmte **Betriebsspannung,** bei der die gewünschte Wirkung des elektrischen Stroms am besten umgesetzt wird. Diese Betriebsspannung soll mit der Leerlaufspannung der elektrischen Quelle übereinstimmen. Bei einer Reihenschaltung muss die jeweilige Teilspannung, die an einem Gerät anliegt, gleich seiner Betriebsspannung sein.

Experimente

Die elektrische Spannung

Experiment 1
Prüfe die Spannung nach, die auf Batterien, Knopfzellen und Monozellen angegeben ist!

Experiment 2
Verbinde nacheinander dieselbe Glühlampe aus einer Fahrradlampe mit einer Flachbatterie (4,5 V), einer Monozelle (1,5 V) und einer Blockbatterie (6 V)!

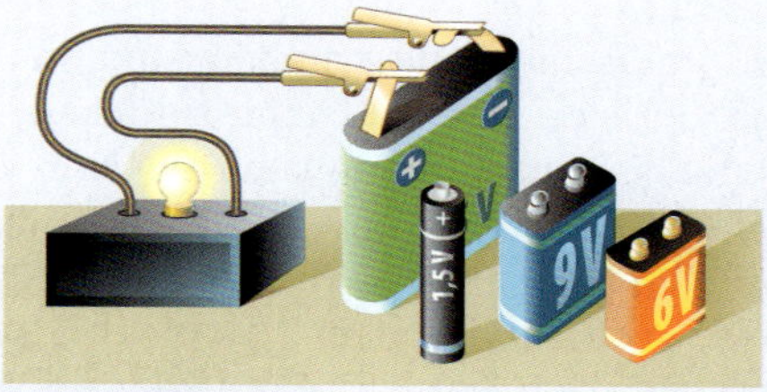

Auswertung:
a) Was kannst du beobachten?
b) Was würde passieren, wenn du die Lampe an eine Blockbatterie von 9 V anschließt?

Experiment 3
Untersuche den Zusammenhang zwischen der Klemmenspannung an einer elektrischen Quelle und der Spannung an einer Glühlampe in einem einfachen Stromkreis!
Vorbereitung:
Zeichne einen Schaltplan!
Durchführung:
a) Baue die Schaltung auf!
b) Miss bei fünf verschiedenen Einstellungen der elektrischen Quelle (1 V bis 5 V) jeweils die Klemmenspannung und die Spannung an der Glühlampe!
c) Trage die Messwerte in eine Tabelle ein!

U_K in V	U in V
1	…
…	…

Auswertung:
a) Vergleiche die Messwerte!
b) Führe eine Fehlerbetrachtung durch!
c) Formuliere das Ergebnis des Experiments in einem Merksatz!

Experiment 4
Bestätige das Gesetz für die elektrische Spannung in einem unverzweigten Stromkreis!
Vorbereitung:
Wie lautet das Gesetz?
Zeichne einen Schaltkreis mit zwei Glühlampen!
Durchführung:
a) Miss die Klemmenspannung und die beiden Spannungen an den Lampen!
b) Notiere die Messwerte!
Auswertung:
Beantworte die experimentelle Aufgabe! Wodurch könnte die Genauigkeit der Messergebnisse beeinflusst worden sein?

Experiment 5
Bestätige das Gesetz für die elektrische Spannung in einem verzweigten Stromkreis! Gehe so wie in Experiment 4 vor!

Experiment 6
Wie kannst du mit drei Flachbatterien von je 4,5 V eine Glühlampe (12 V/1,5 A) zum Leuchten bringen? Prüfe nach, ob deine Idee stimmt!

Experiment 7
Begründe den Zusammenhang zwischen dem Lebensraum der Zitterfische und dem Aufbau ihrer elektrischen Organe!
Vorbereitung:
Informiere dich, wie die elektrischen Organe aufgebaut sind und wie sie funktionieren (s. S. 78)!
Durchführung:
Baue die Schaltung wie in der Abbildung auf!
Beginne mit destilliertem Wasser und schütte nach und nach etwas Kochsalz hinein!
Miss jedes mal die Stromstärke und die Spannung!

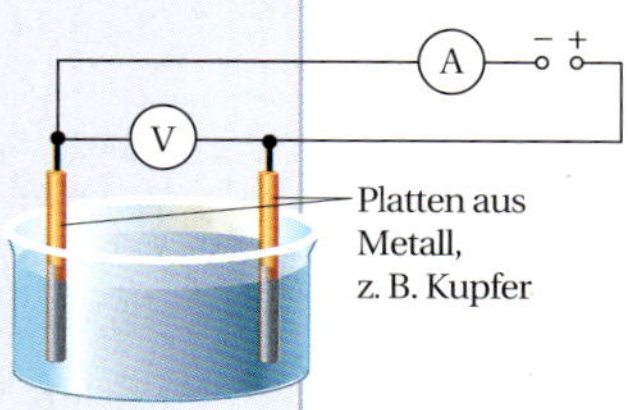

Auswertung:
Diskutiere die Ergebnisse in bezug auf den Lebensraum der Zitterfische!

Aufgaben

1. Gib folgende Spannungen in den angegebenen Einheiten an:
a) 12,5 V, 8,3 V und 0,36 V in mV;
b) 15 000 V, 6 800 V und 230 V in kV;
c) 110 kV, 220 kV und 380 kV in V!

2. Wie groß sind die elektrischen Spannungen, wenn am Vielfachmessgerät nacheinander die Messbereiche
a) 3 V,
b) 10 V und
c) 60 V eingestellt werden?
Lies jeweils für die Zeigerstellungen A bis D die Messwerte ab!

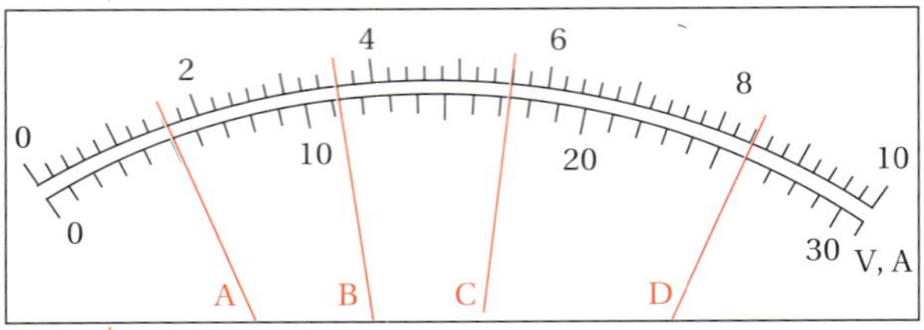

3. Warum ist auf elektrischen Geräten die Betriebsspannung angegeben? Was passiert, wenn diese deutlich über- oder unterschritten wird?

4. An den Steckdosen im Haushalt liegen bei uns 230 V an. In anderen Ländern sind Spannungen von 110 V oder 120 V üblich. Was passiert, wenn wir unsere elektrischen Haushaltsgeräte (z. B. Tauchsieder, Föhn) dort einschalten?
Begründe deine Antwort mit dem Antrieb des elektrischen Stroms!

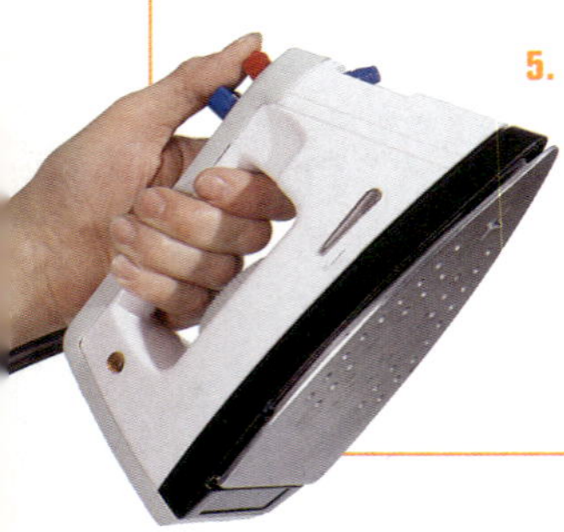

5. Im Haushalt werden elektrische Geräte parallel an eine Spannung von 230 V geschaltet.
Begründe, weshalb diese Art der Schaltung gewählt wird!

6. Zeichne einen Schaltplan für den abgebildeten Stromkreis!

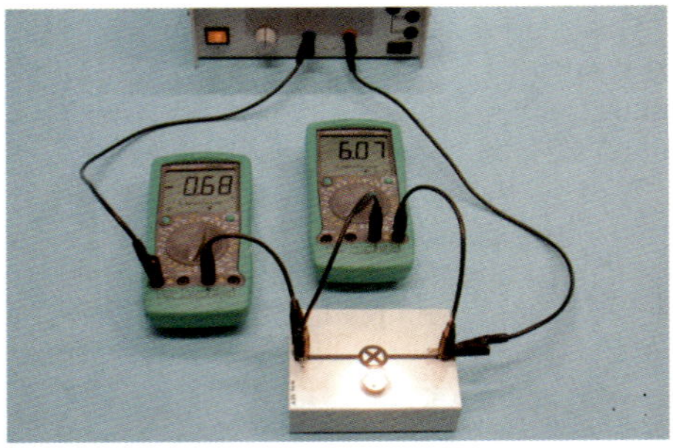

7. Zwei unterschiedliche Lampen sind in Reihe an eine Batterie angeschlossen, aber nur eine leuchtet. Was kann die Ursache dafür sein?

8. Carola wechselt die vier Monozellen von je 1,5 V in ihrem Kassettenrecorder aus. Erst nach mehrmaligem Probieren ist das Gerät wieder funktionstüchtig. Was muss sie beim Einlegen der Zellen beachten?

9. Wie groß ist die Spannung, die in den beiden Schaltungen jeweils an dem Widerstand abfällt? Begründe!

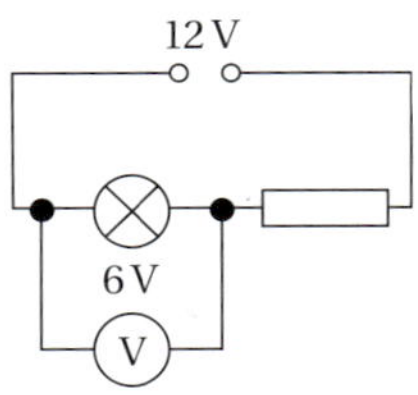

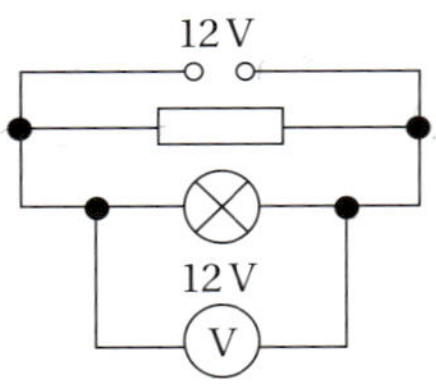

10. Warum brennen die 10 in Reihe geschalteten 20-V-Kerzen einer Lichterkette beim Anschluss an eine Steckdose nicht durch?

11. Wie kann man zwei 6-V-Lampen an eine elektrische Quelle von 12 V (Autobatterie) anschließen? Fertige einen Schaltplan an und begründe ihn!

Das Wichtigste auf einen Blick

Die elektrische Spannung

Die elektrische Spannung *U* gibt an, wie stark die elektrischen Ladungsträger angetrieben werden.

Einheiten: 1 V, 1 mV, 1 kV

Es gilt: 1 kV = 1 000 V
1 V = 1000 mV

Messgerät: Spannungsmesser (Voltmeter)

Spannungsmesser sind parallel zum elektrischen Gerät zu schalten, an dem die Spannung gemessen soll.

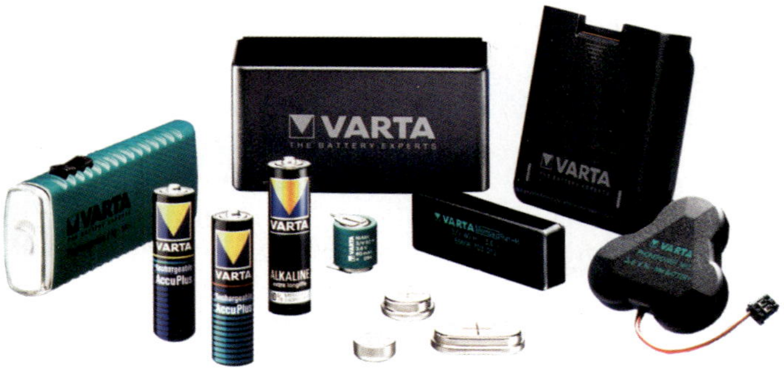

Für die **Reihenschaltung** und die **Parallelschaltung** von Bauteilen in Stromkreisen gelten folgende Gesetze:

Reihenschaltung von Bauteilen
(unverzweigter Stromkreis)

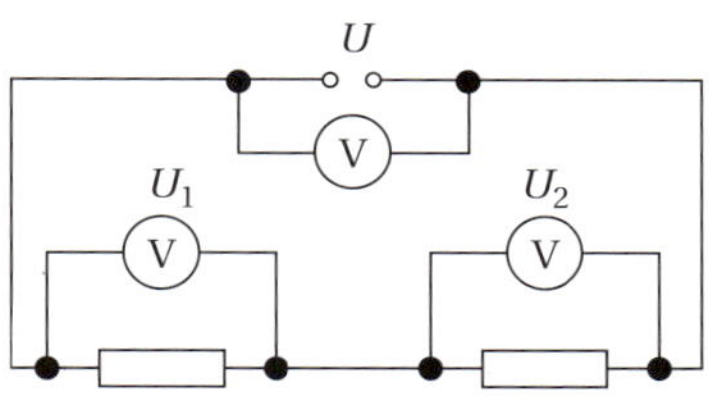

Die Gesamtspannung U ist gleich der Summe der Teilspannungen U_1 und U_2.

$$\boldsymbol{U = U_1 + U_2}$$

Parallelschaltung von Bauteilen
(verzweigter Stromkreis)

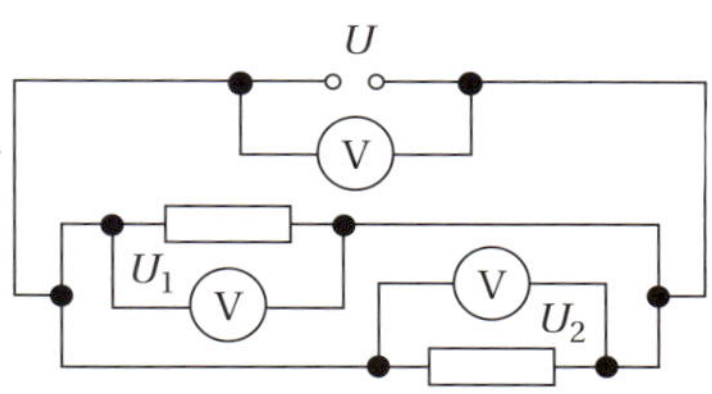

Die Teilspannungen U_1 und U_2 sind genauso groß wie die Gesamtspannung U.

$$\boldsymbol{U = U_1 = U_2}$$

3 Energiewandler

3.1 Energie, Energieformen und Energieumwandlungen

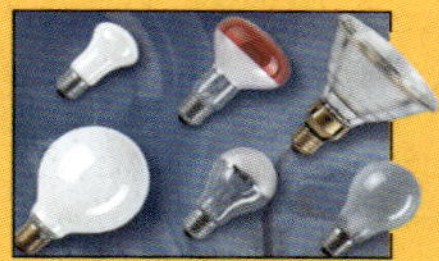

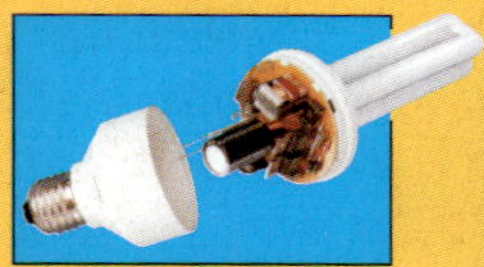

Energie verwandelt sich ▸▸ Ein Feuer im Kamin oder ein Lagerfeuer verschaffen uns ein angenehmes Gefühl. Die brennenden Scheite verbreiten Licht und Wärme.
Woher kommt die Energie, die in Licht und Wärme umgewandelt wird?
Kann diese Energie verloren gehen?

Energie ist knapp ▸▸ Herkömmliche Glühlampen werden immer häufiger durch Energiesparlampen ersetzt. Sie sind zwar etwas teurer in der Anschaffung, halten dafür aber länger. Aber noch wichtiger ist, dass sie bei gleicher Helligkeit nur etwa ein Fünftel der Energie von Glühlampen benötigen. Damit sind sie echte „Sparer".
Warum muss mit Energie unbedingt sparsam umgegangen werden?

Die Energie

Im Alltag spricht man oft über **Energie:** Sie wird verbraucht, gewonnen, umgewandelt, gespeichert, kostet viel, wird immer weniger, muss erhalten bleiben.

Jedes Fahrzeug, jeder Motor einer Maschine und auch jedes Lebewesen benötigt Energie, um sich bewegen zu können. Im Motor des Fahrzeugs wird Benzin verbrannt (Abb. 1a). Ein Elektromotor erhält seine Energie aus dem Stromkreis, in den er geschaltet wird.

Sowohl ein Holzkohle-Grill als auch eine Herdplatte erzeugen die nötigen Temperaturen, um Fleisch zu garen (Abb. 1b). Aber sie unterscheiden sich auch: Bei einer Herdplatte wird elektrische Energie in thermische Energie umgewandelt. Das Verbrennen von Holzkohle ist dagegen ein chemischer Vorgang, durch den thermische Energie abgegeben wird.
Eine Glühlampe muss in einen elektrischen Stromkreis geschaltet werden, damit sie Licht aussenden kann (Abb. 1c).

> **M** **Energie ist die Fähigkeit eines Körpers, mechanische Arbeit zu verrichten, Wärme abzugeben oder Licht auszusenden.**
>
> **Formelzeichen:** ***E***
> **Einheit:** **1 Joule (1 J)**

Ein Joule ist die Energie, die man braucht, um einen Körper der Masse 100 g um 1 m zu heben.

2 ▸ Zu einer ausgewogenen Ernährung gehören Kohlehydrate, Eiweiße und Fette ebenso wie Vitamine, Mineralstoffe, Wasser und Ballaststoffe. Nahrung besitzt Energie.

Benannt ist die Einheit der Energie nach dem bedeutenden englischen Physiker JAMES PRESCOTT JOULE (1818–1889).
Vielfache der Einheit 1 J sind 1 Kilojoule (1 kJ) und ein Megajoule (1 MJ). Es gilt:
1 kJ = 1 000 J
1 MJ = 1 000 kJ = 1 000 000 J
Als Einheit der elektrischen Energie wird eine Kilowattstunde (1 kWh) verwendet. Es gilt:
1 kWh = 3,6 MJ
1 MJ = 0,28 kWh
Auch der Mensch muss Energie in Form von Nahrung (Abb. 2) zu sich nehmen, um alle Lebensfunktionen zu sichern. Arbeitet er schwer oder treibt er Sport, benötigt er besonders viel Energie.

1a ▸ Im Pkw wird durch die im Benzin gespeicherte Energie das Auto bewegt.

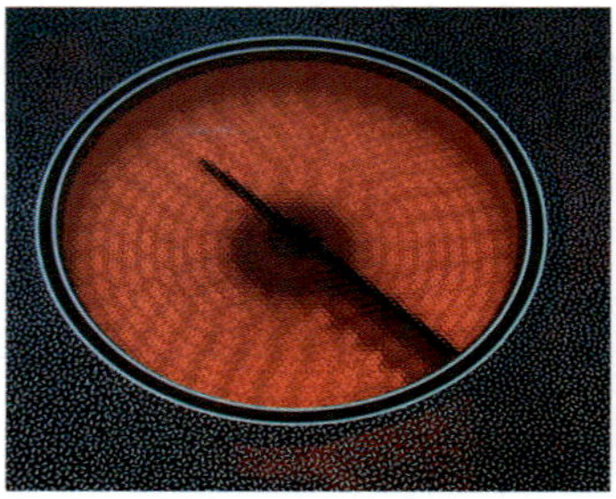

1b ▸ Bei einer Herdplatte wird elektrische Energie in Wärme umgewandelt.

1c ▸ Bei einer Lampe wird elektrische Energie in Licht umgewandelt.

3

Energieformen

Lageenergie

Körper, die aufgrund ihrer Lage mechanische Arbeit verrichten können, besitzen **potenzielle Energie** E_{pot}. Die Felsen besitzen potenzielle Energie.

Bewegungsenergie

Körper, die aufgrund ihrer Bewegung mechanische Arbeit verrichten können, besitzen **kinetische Energie** E_{kin}. Ein Flugzeug besitzt kinetische Energie.

Rotationsenergie

Körper, die aufgrund ihrer Rotation Arbeit verrichten können, besitzen **Rotationsenergie** E_{rot}. Der Rotor eines Hubschraubers besitzt Rotationsenergie.

Thermische Energie

Körper, die aufgrund ihrer Temperatur Wärme abgeben oder Licht aussenden können, besitzen **thermische Energie** E_{th}. Ein Kaminofen besitzt thermische (innere) Energie.

Chemische Energie

Körper, die bei chemischen Reaktionen Wärme abgeben, Arbeit verrichten oder Licht aussenden, besitzen **chemische Energie** E_{ch}. Der Treibstoff der Rakete besitzt chemische Energie.

Lichtenergie

Körper, die aufgrund ihrer extrem hohen Temperaturen Licht und Wärme aussenden können, haben **Lichtenergie** (Strahlungsenergie) E_{Licht}. Sterne strahlen Energie ab.

Elektrische Energie

Körper, die aufgrund elektrischer Vorgänge Arbeit verrichten, Wärme abgeben oder Licht aussenden, besitzen **elektrische Energie** E_{el}. Elektrischer Strom und damit auch ein Blitz besitzt elektrische Energie.

Magnetische Energie

Körper, die aufgrund ihrer magnetischen Eigenschaften mechanische Arbeit verrichten können, besitzen **magnetische Energie** E_{magn}. Das Magnetfeld eines Lasthebemagneten besitzt magnetische Energie.

Kernenergie

Bei der Spaltung von Atomkernen und bei ihrer Verschmelzung wird Energie frei, die als **Kernenergie** E_{kern} bezeichnet wird. Kernenergie wird z. B. bei der Spaltung von Atomkernen des Urans frei.

Speicherung von Energie

So unterschiedlich Kohle, Wasser, Wind, Gas, Holz, elektrischer Strom, Erdöl oder Nahrungsmittel auch sind – sie haben etwas Gemeinsames. Sie **speichern** Energie und sind deshalb **Energieträger.**

Wenn Kohle verbrennt, wird chemische Energie in thermische Energie umgewandelt. Kohle, Holz, Erdgas, Heizöl und Treibstoffe wie Benzin und Diesel sind **Brennstoffe.**

Fossile Brennstoffe (Kohle, Erdöl und Erdgas) werden in Wärmekraftwerken zur Elektroenergieerzeugung verwendet.

Die Lageenergie des gestauten Wassers in einem Stausee wird in Wasserkraftwerken in elektrische Energie umgewandelt (Abb. 1).

Aus Steinkohle wird Koks hergestellt und aus Rohbraunkohle werden Briketts. Beide benutzt man zum Heizen.

Aus Erdöl werden u. a. Benzin und Heizöl gewonnen.

Die in diesen **Energieträgern** gespeicherte Energie kann in der Regel nicht oder nur in begrenztem Maße zum Heizen, Beleuchten oder zum Antrieb von Maschinen und Anlagen genutzt werden. Lediglich Erdgas wird in größerem Umfang direkt zur Wärmeversorgung verwendet.

1 ▸ Die Talsperre Hohenwarte staut die Saale zu einem See mit einem Fassungsvermögen von 182 Mio. m^3 auf.

Der Heizwert von Brennstoffen

Beim Verbrennen von Kohle, Heizöl oder anderen Stoffen wird die in ihnen gespeicherte Energie freigesetzt. Um den Wert der Brennstoffe untereinander vergleichen zu können, gibt man die Menge der Energie an, die in ihnen gespeichert ist. Sie wird als Heizwert bezeichnet. Bei festen Brennstoffen wird die Energie auf 1 kg bezogen, bei flüssigen auf 1 l und bei gasförmigen auf 1 m^3.

Der **Heizwert** gibt an, wie viel Energie beim Verbrennen von 1 kg, 1 l oder 1 m^3 eines Brennstoffes frei wird.

In der Übersicht sind die durchschnittlichen Heizwerte verschiedener Stoffe angegeben.

Heizwerte von Brenn- und Treibstoffen

Stoff	Heizwert
Benzin	35 MJ/l
Braunkohlenbriketts	20 MJ/kg
Dieselkraftstoff	36 MJ/l
Erdgas	31 MJ/m^3
Heizöl	42 MJ/kg
Holz (trocken)	9 … 15 MJ/kg
Petroleum	41 MJ/l
Propan	94 MJ/m^3
Stadtgas	17 MJ/m^3
Spiritus	32 MJ/l
Steinkohle	27 … 33 MJ/kg
Torf (trocken)	15 MJ/kg
Wasserstoff	12 MJ/m^3

Deshalb wird die Energie der Energieträger Wasser, Kohle oder Erdöl in andere Formen umgewandelt, meistens in elektrische Energie.

Hochgehobene Körper wie gestautes Wasser oder ein Rammbär können die Energie beliebig lange speichern und bei Bedarf abgeben. Das trifft in ähnlicher Weise auch für eine aufgezogene Feder, ein Schwungrad, fließendes Wasser oder heißes Wasser in einer Thermoskanne zu.

Bei Energiespeichern kommt es deshalb nicht nur darauf an, **wie viel** Energie sie speichern, sondern auch darauf, **wie schnell** sie diese Energie aufnehmen und wieder abgeben können.

Elektrische Energie ist in Akkumulatoren und Batterien gespeichert. So kann z. B. die Batterie eines Pkw eine elektrische Energie von etwa 0,40 kWh bis 1,0 kWh speichern.

1 ▸ Die wichtigste Energiequelle ist für uns die Sonne. Nur infolge der Wärmestrahlung, mit der Wärme zur Erde gelangt, konnte auf der Erde Leben entstehen und sich entwickeln.

Energie kann in Energieträgern wie Brennstoffen, Treibstoffen, gehobenen und bewegten Körpern oder Batterien gespeichert werden.

Die Batterie eines Pkw, in der elektrische Energie gespeichert ist, könnte zwar auch die beim Bremsen umgewandelte Energie wieder aufnehmen, aber nicht in der kurzen Zeit, in der gebremst wird. Das können nur Schwungräder.

Zu den Energieträgern gehören auch die Pflanzen, die im Prozess der Fotosynthese Traubenzucker aufbauen. In Pflanzen ist die Energie der Sonne als chemische Energie gespeichert. Da Kohle und Erdöl vor Millionen von Jahren aus Pflanzen entstanden sind, ist auch in ihnen Sonnenenergie gespeichert. So gesehen, ist die Sonnenenergie auch in unseren Nahrungsmitteln gespeichert.

Die Energie der Sonne

Die Sonne ist eine riesige Gaskugel, die gewaltige Energien in den Weltraum abstrahlt. In jeder Sekunde strahlt die Sonne $3{,}8 \cdot 10^{26}$ J ab. Diese Energie ist um den Faktor 10^6 größer als der Energiebedarf pro Jahr in der ganzen Welt.
Die Energie der Sonne entsteht in ihrem Kern, gelangt bis an ihre Oberfläche und wird dann als sichtbares Licht sowie als Wärmestrahlung (infrarote Strahlung) und ultraviolette Strahlung (UV-Strahlung) abgegeben, die für uns unsichtbar sind.
Nur ein Teil davon erreicht die Erde. Dieser Teil ist relativ konstant.
Davon gelangen jedoch nur etwa 50 % auf die Erdoberfläche. Die restliche Strahlung wird teilweise durch die Atmosphäre reflektiert und teilweise absorbiert (aufgenommen).
Aber auch die dann noch verbleibende Energie würde ausreichen, um den jährlichen Energieumsatz in Deutschland zu decken.

Auf die Obergrenze der Atmosphäre treffen in jeder Sekunde 1,37 kJ senkrecht auf einen Quadratmeter.

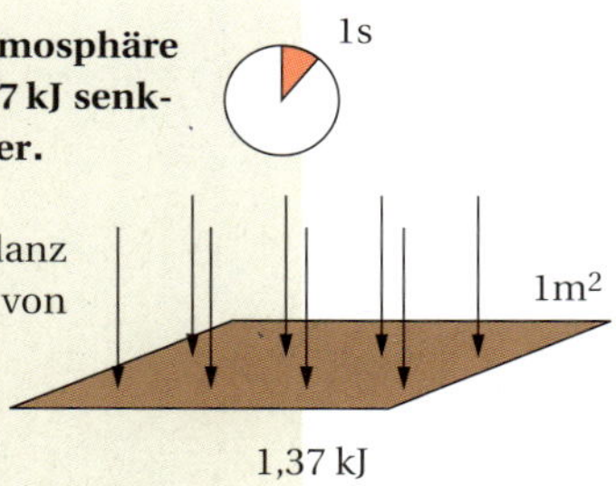

Insgesamt ist die Energiebilanz der Erde ausgeglichen: Die von der Sonne eingestrahlte Energie ist genauso groß wie die von der Erde abgegebene Energie.
Die Entstehung des Lebens auf der Erde, das Wachstum von Pflanzen und Tieren, das Vorhandensein von Kohle oder Erdöl und der ständige Kreislauf des Wassers in der Natur hängen unmittelbar mit den Wirkungen und den Einflüssen der Sonnenstrahlung zusammen.

Transport von Energie

Energie soll jederzeit ausreichend und überall verfügbar sein.

Die Energie wird mit den Energieträgern transportiert, in denen sie gespeichert ist (Abb. 1).

Gefördertes Erdöl wird Hunderte von Kilometern durch Pipelines gepumpt, bevor es auf dem Seeweg in riesigen Öltankern zu Abnehmern in der ganzen Welt gelangt. In Raffinerien entsteht daraus z. B. Benzin. Benzin, Dieselkraftstoff und Heizöl gehören zu den Sekundärenergiespeichern. Sie sind leichter zu transportieren, zu verteilen und zu lagern.

Es gibt Hochspannungsnetze von 380 kV, 220 kV und 110 kV, die über Transformatoren miteinander in Verbindung stehen.

Elektrische Energie wird mit dem elektrischen Strom in Überlandleitungen vom Kraftwerk aus über Hunderte Kilometer hinweg bis zu den einzelnen Verbrauchern (Betriebe und Haushalte) übertragen.

Mechanische Energie kann z. B. durch Wellen, Zahnräder, Seile, Ketten oder Federn von einem Körper zu anderen transportiert werden.

Durch Licht und andere Strahlung wird Energie von einem Körper zu einem anderen transportiert. Ein Beispiel dafür ist die Strahlung der Sonne.
Auch von Heizkörpern wird Energie in Form von Wärme abgegeben.

2 ▸ Durch Hochspannungsleitungen wird elektrische Energie transportiert.

In Warmwasserheizungen strömt erhitztes Wasser von einem Heizkessel oder von einem Heizkraftwerk aus durch die Rohre bis zu den einzelnen Heizkörpern. Energie wird dabei in Form von Wärme transportiert.

Energie kann durch Arbeit, Wärme, Licht oder elektrischen Strom von einem Körper zu anderen Körpern transportiert werden. M

1 ▸ Energietransportkette

Umwandlung von Energie

Während z. B. gehobene Körper ihre Lageenergie beliebig lange speichern und bei Bedarf abgeben können, wandelt ein Elektromotor die elektrische Energie, die ihm zugeführt wird, sofort in mechanische Energie um. Ein Elektroherd erwärmt sich und eine Lampe sendet Licht aus. Sie können die zugeführte Energie nicht speichern, sondern **wandeln** sie in andere Energieformen um (Abb. 1).

Man sagt, elektrische Geräte, Maschinen und Anlagen sind **Energiewandler.**

Die Energie, die ein Körper besitzt, kann in andere Energieformen umgewandelt werden. So wird z. B. die chemische Energie von Kohle beim Verbrennen in thermische Energie umgewandelt. In Windkraftanlagen wird die kinetische Energie der Luft in elektrische Energie umgewandelt. Die für unser Leben notwendige Energie nehmen wir in Form von Nahrung zu uns.
Allgemein gilt:

> **M** **Bei physikalischen, chemischen oder biologischen Vorgängen kann Energie von einer Energieform in andere Energieformen umgewandelt und von einem Körper auf andere Körper übertragen werden.**

Bei vielen Vorgängen, z. B. in einem Pumpspeicherkraftwerk (s. S. 96), gehen nacheinander verschiedene Energieumwandlungen vor sich. Es gibt dann regelrechte **Energieumwandlungsketten.**

Entwertung von Energie

Energie soll möglichst effektiv genutzt werden. Bei jeder Energieumwandlung treten aber auch Energieformen auf, die nicht gewünscht sind. So wird z. B. bei einer Energiesparlampe nur etwa 25 % der zugeführten elektrischen Energie in

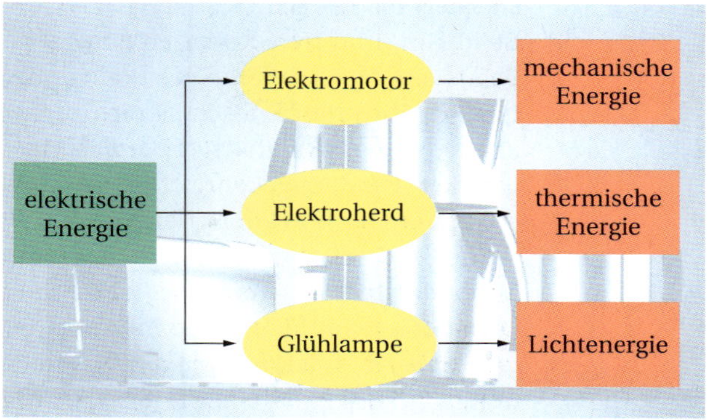

1 ▸ Elektrische Geräte sind Energiewandler. Die zugeführte elektrische Energie wird zum Teil in nutzbare Energie umgewandelt. Der andere Teil wird ungenutzt an die Umgebung abgegeben.

Licht umgewandelt. Bei einer Glühlampe sind das nur 5 %. Der „Rest" von 75 % bzw. 95 % wird in Form von Wärme an die Umgebung abgegeben und ist für uns nicht mehr nutzbar (Abb. 2).
Die durch den Energiewandler Energiesparlampe entstehende Energie wird im Weiteren nicht mehr genutzt. Die Energie hat damit für uns an Wert verloren.

> **M** **Die einem Energiewandler zugeführte hochwertige Energie wird häufig in minderwertigere Energie umgewandelt und damit entwertet.**

Die Energie, die bei mechanischen Vorgängen durch Reibung in Form von Wärme an die Umgebung abgegeben wird, ist für uns ebenfalls nicht mehr nutzbar.

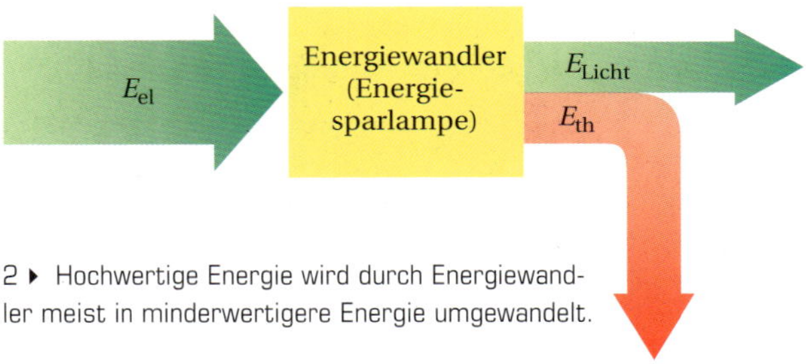

2 ▸ Hochwertige Energie wird durch Energiewandler meist in minderwertigere Energie umgewandelt.

Erhaltung von Energie

Beim Hin- und Herschwingen eines Pendels, beim Herabfallen eines Steins oder beim Hochwerfen eines Balls wird potenzielle Energie in kinetische Energie umgewandelt und umgekehrt. Die Gesamtenergie bleibt aber immer gleich groß.

Beim Verbrennen von Benzin in einem Motor entsteht Wärme und es wird Arbeit verrichtet. Auch hier ist die im Kraftstoff gespeicherte Energie vor der Verbrennung genauso groß wie die Energie, die insgesamt nach der Verbrennung vorhanden ist.

Heißer Tee gibt Energie in Form von Wärme an seine Umgebung ab.

Bei allen Reibungsvorgängen wird mechanische Energie in thermische Energie umgewandelt und in Form von Wärme an die Umgebung abgegeben. Bei einem fahrenden Auto erwärmen sich z. B. die Reifen. Die Gesamtenergie bleibt aber auch hier immer gleich groß.

Dieses wichtige Naturgesetz wurde zuerst von JULIUS ROBERT MAYER (1814–1878) und von JAMES PRESCOTT JOULE (1818–1889) entdeckt.

Für beliebige Vorgänge in Natur und Technik gilt das **Gesetz von der Erhaltung der Energie.** Dieses Gesetz wird manchmal auch als **Energieerhaltungssatz** bezeichnet.

M In einem abgeschlossenen Bereich ist die Summe aller Energien stets konstant.
Die Gesamtenergie bleibt erhalten.

$E_1 + E_2 + E_3 \ldots = \text{konstant}$
$E_1, E_2 \ldots$ verschiedene Energieformen

Eine besonders klare Formulierung des Energieerhaltungssatzes stammt von dem deutschen Arzt und Physiker HERMANN VON HELMHOLTZ (1821–1894), der den Energieerhaltungssatz so angab:

M Energie kann weder erzeugt noch vernichtet werden. Sie kann nur von einer Form in andere Formen umgewandelt werden.

J. R. MAYER – Arzt und Entdecker

Wesentlichen Anteil an der Entdeckung des Energieerhaltungssatzes hatte neben dem englischen Physiker JAMES PRESCOTT JOULE (1818–1889) der deutsche Arzt JULIUS ROBERT MAYER (1814–1878).

JULIUS ROBERT MAYER wurde am 25. November 1814 als Sohn eines Apothekers in Heilbronn geboren. Schon während seiner Schulzeit wurde er durch seinen Vater mit physikalischen und chemischen Problemen vertraut gemacht.

Nach einer Apothekerlehre studierte MAYER ab 1832 in Tübingen Medizin und war ab 1838 als Arzt tätig.

Bei einer Reise als Schiffsarzt nach Indonesien (1840/41) machte er eine interessante Beobachtung: Das Venenblut war in den Tropen heller als in Mitteleuropa. MAYER vermutete Zusammenhänge zwischen dem Wärmebedarf und der Oxidation der Nahrung. Weitere Untersuchungen führten ihn zu der Erkenntnis, dass einer bestimmten Arbeit eine gleich große Wärme entspricht. 1845 veröffentlichte er den Aufsatz „Die organische Bewegung in ihrem Zusammenhang mit dem Stoffwechsel", in dem erstmals der Satz von der Erhaltung der Energie formuliert war, nach dem Energie weder entstehen noch verschwinden kann.

MAYER übertrug dieses Prinzip auch auf Lebewesen und formulierte, dass die „einzige Ursache der tierischen Wärme ein chemischer Prozess" sei.

Eine wissenschaftliche Anerkennung seiner Leistungen blieb dem Nichtphysiker MAYER lange versagt. Erst nach 1860 wurden vor allem durch den persönlichen Einsatz von HERMANN VON HELMHOLTZ (1821–1894) die Leistungen von MAYER allgemein anerkannt.

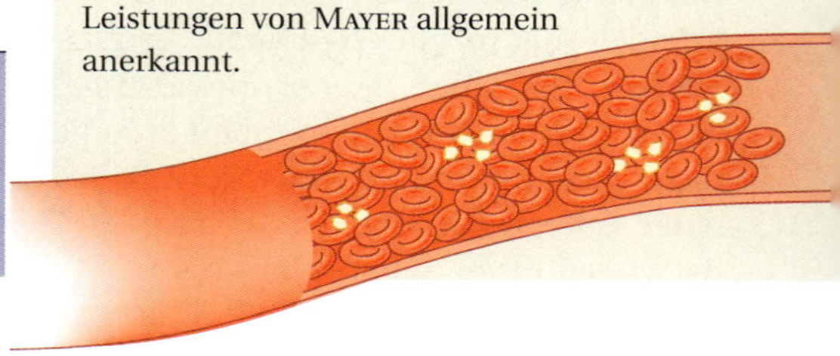

Der Wirkungsgrad

Bei den meisten Vorgängen in Natur, Technik und Alltag wird eine Energieform in mehrere andere Energieformen umgewandelt. Dabei sind einige der entstehenden Energieformen für den beabsichtigten Zweck erwünscht und andere unerwünscht. So wird z. B. bei einer Glühlampe elektrische Energie in Licht und Wärme umgewandelt (Abb. 1). Die entstehende innere Energie ist dabei für den Zweck der Beleuchtung unerwünscht.

Der Motor eines Pkw soll das Fahrzeug in Bewegung setzen. Durch das Verbrennen des Kraftstoffs im Motor entsteht nicht nur kinetische Energie, sondern auch unerwünschte Wärme, die über Abgase und Kühlwasser an die Umgebung abgegeben wird (Abb. 2).

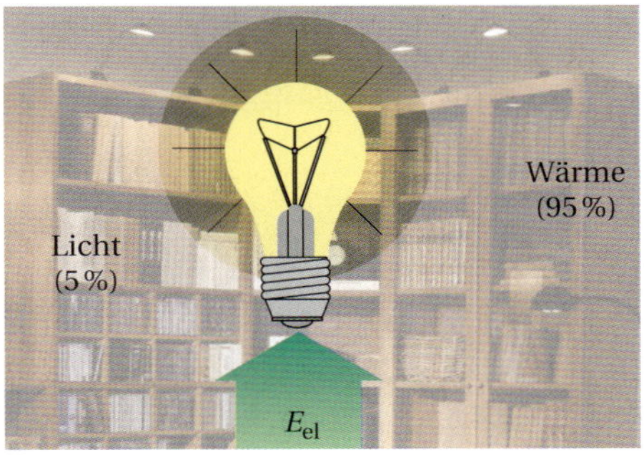

1 ▸ Energieumwandlungen bei einer Glühlampe

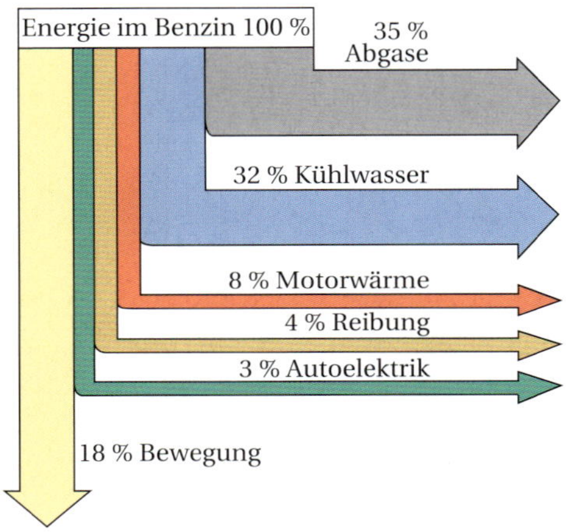

2 ▸ Energieflussdiagramm für einen Pkw-Motor

Je größer der Anteil der nutzbringenden Energie ist, desto günstiger ist ein Gerät, eine Maschine oder eine Anlage für die Energieumwandlung.

Die Güte einer Anlage zur Energieumwandlung wird durch den **Wirkungsgrad** gekennzeichnet.

> M
> **Der Wirkungsgrad gibt an, welcher Anteil der zugeführten Energie in nutzbringende Energie umgewandelt wird.**
>
> **Formelzeichen: η**

Ein Wirkungsgrad von 0,18 oder 18 % bedeutet, dass 18 % der zugeführten Energie in nutzbringende Energie umgewandelt wird. Der andere Teil der Energie, im genannten Fall also 82 %, wird nicht genutzt.

> M
> **Der Wirkungsgrad kann berechnet werden mit der Gleichung:**
>
> $$\eta = \frac{E_{nutz}}{E_{zu}}$$
>
> E_{nutz} nutzbringende Energie
> E_{zu} zugeführte Energie

Der Wirkungsgrad η ist immer kleiner als 1 bzw. 100 %.

Wirkungsgrade in der Technik	
erste Dampfmaschine	3 % bis 4 %
Glühlampe	5 %
Solarzelle	15 %
Leuchtstofflampe	25 %
Benzinmotor	bis 30 %
Dieselmotor	bis 40 %
Kohlekraftwerk	40 %
Dampfturbine	bis 45 %
Elektromotor	bis 90 %
Generator	bis 99 %

Methoden

Präsentieren von Informationen

Ergebnisse deiner Arbeit zu einem Thema oder Ergebnisse, die ihr in einer Gruppe erarbeitet habt, sollen allen Mitschülern vorgestellt werden. Das kann z. B. durch einen Vortrag, eine Wandzeitung oder eine Internetseite geschehen.

Vorbereiten und Halten eines Vortrags
Wenn du einen Vortrag halten oder als Teamsprecher die Ergebnisse der Gruppenarbeit vortragen sollst, sind Tipps hilfreich.

Vorbereiten eines Vortrags

1. Überlege dir, was alles zum Thema gehört! Nutze dazu verschiedene Informationsquellen (s. rechts und unten)!
2. Gliedere den Vortrag in Abschnitte!
3. Schreibe dir Schwerpunkte in Kurzform (in Stichwörtern) auf!
4. Überlege dir, was du an die Tafel oder auf Folien schreibst!
5. Bereite Versuchsaufbauten vor und stelle Geräte bereit!

Halten eines Vortrags

1. Wecke am Anfang des Vortrags Interesse und Neugier und nenne das Thema!
2. Beginne beispielsweise mit „Wusstet ihr überhaupt, dass …?“ oder „Hättet ihr gedacht, dass …?“
3. Nenne und zeige die Gliederung (Tafel, Folie)!
4. Leite neue Absätze deutlich ein, z. B. mit „Ein weiterer Punkt ist …“ oder „Als nächstes …“!
5. Sprich in kurzen Sätzen!
6. Verwende nur Fachbegriffe, die du auch selbst erklären kannst!
7. Bemühe dich, laut, langsam und deutlich zu sprechen! Schaue deine Zuhörer an!
8. Achte auf die Zeit! Schließe den Vortrag mit einer kurzen Zusammenfassung ab!

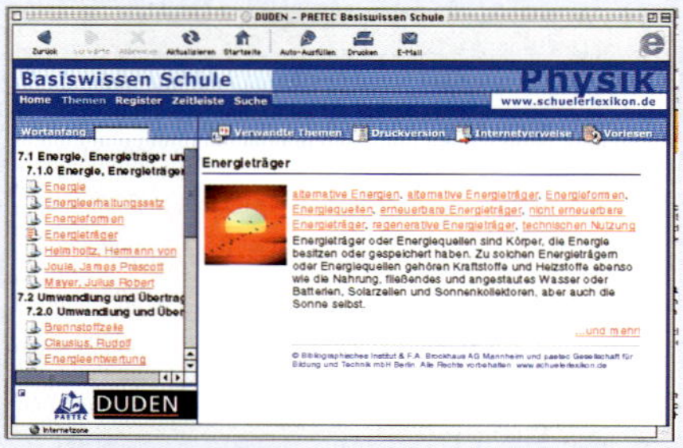

1 ▸ Unter der Internet-Adresse **www.schuelerlexikon.de** findest du für Schüler entwickelte Nachschlagewerke, u. a. für das Fach Physik.

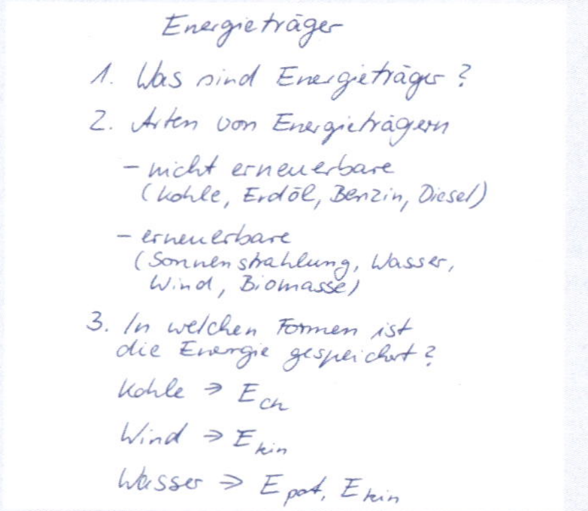

2 ▸ Stichwortzettel

Informationsquellen

elektronische Medien	Literatur	Schulbücher	Internet
Film	Lexika	Lehrbücher	Suchmaschinen
Fernsehen	Sachbücher	Tabellenwerke	Direktsuche
CD-ROMs	Zeitschriften	Schülerlexika	www.schuelerlexikon.de

Methoden

Anfertigen eines Posters

Wandzeitungen oder Poster fallen auf. Sie sind geeignet, um sachliche Informationen, Versuchsergebnisse oder den Verlauf und die Ergebnisse eines Projekts darzustellen. Meist wählt man dafür den Physikraum oder den Schulflur.

Damit man sofort erkennt, worum es geht, hier ein paar Tipps:

1. Jedes Poster hat eine Überschrift, die sofort über den Inhalt informieren und Neugier der Betrachter wecken soll.
2. Verwende viele Abbildungen, einfache grafische Darstellungen und Skizzen, aber nur so viel Text wie nötig!
3. Ordne die Inhalte übersichtlich an!
4. Kennzeichne, was inhaltlich zusammengehört, mit gleichen Schriftarten, Farben und Formen!
   Verwende dabei aber nicht zu viel verschiedenes!
5. Nenne deine Informationsquellen!
6. Teste die Lesbarkeit aus einer größeren Entfernung!

Gestaltung einer Internetseite

Im World Wide Web (www) kann man nicht nur Informationen suchen, sondern auch selbst Informationen präsentieren. Dazu ist eine eigene **Homepage** nötig. Zur Erstellung der Seiten gibt es spezielle Programme.

Für die Gestaltung von Web-Seiten gelten die gleichen Hinweise wie für die Anfertigung einer Wandzeitung oder eines Posters. Vorteil ist aber beim Web: Es können Animationen, Videos oder Audios mit eingebaut werden. Änderungen können schnell vorgenommen werden. Das unten stehende Bild zeigt die Homepage der Mittelschule Klingenberg (2004).

Hinweise zum Erstellen von Web-Seiten

- Schreibe weder deine Adresse noch die deiner Mitschüler auf die Homepage!
- Besprich mit deinen Eltern, welche Informationen (z. B. Bilder) du von dir im Web veröffentlichen darfst!
- Beachte, dass du Texte und Informationen von anderen Personen nicht ohne deren Einwilligung verwenden darfst!

Physik in Natur und Technik

Eine geniale Erfindung

In einem Pumpspeicherkraftwerk strömt Wasser durch Rohrleitungen aus einem Oberbecken in ein Unterbecken und treibt über eine Turbine einen Generator an (Abb. 1).

Ein genialer Erfinder hatte nun die Idee, einen Teil der erzeugten elektrischen Energie zum Antrieb einer Pumpe zu verwenden, die das Wasser aus dem Unterbecken in das Oberbecken pumpt, sodass ein Wasserkreislauf entsteht. Der andere Teil der Energie wird ständig ins Netz eingespeist.

Damit steht der Menschheit eine unerschöpfliche Energiequelle zur Verfügung, so der Erfinder.

Kann diese Erfindung funktionieren?

Die Erfindung ist ein typisches Perpetuum mobile, das nicht funktionieren kann.

E_{pot} → E_{kin} → E_{el}

Das Wasser im Oberbecken besitzt potenzielle Energie, die beim Herunterströmen des Wassers in kinetische Energie umgewandelt wird. Die kinetische Energie wird im Generator in elektrische Energie umgewandelt.

E_{el} → E_{pot}

Um den Wasserkreislauf in Gang zu setzen, wird mithilfe einer Pumpe die elektrische Energie in potenzielle Energie des Wassers umgewandelt.

Nach dem Gesetz von der Erhaltung der Energie muss die notwendige elektrische Energie zum Hochpumpen des Wassers mindestens genauso groß sein wie die elektrische Energie, die aus dem herabströmenden Wasser gewonnen werden kann. Mit dieser Erfindung könnte somit im besten Falle der Wasserkreislauf aufrecht erhalten werden. Da jedoch Reibung auftritt, käme der Kreislauf sehr schnell zum Erliegen. Eine Einspeisung von Energie ins Netz wäre auf jeden Fall ausgeschlossen.

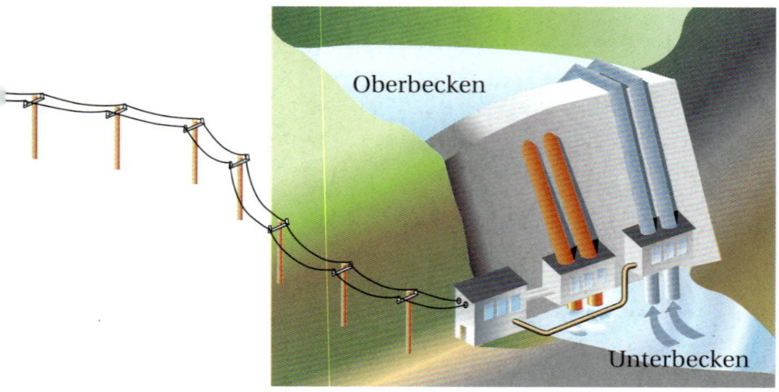

1 ▸ Aufbau eines Pumpspeicherkraftwerkes

Ein Perpetuum mobile

Viele Jahrhunderte lang versuchten Erfinder eine Maschine zu konstruieren, die dauernd Energie abgibt, ohne dass ihr Energie zugeführt wird oder die mehr Energie abgibt als ihr zugeführt wurde. Eine solche Anordnung wird als **Perpetuum mobile** („sich ständig bewegend") bezeichnet. Die Abbildung zeigt eine Konstruktion des holländischen Mathematikers Simon Stevin (1548–1620). Auf einer geneigten Ebene befindet sich eine Kugelkette. Ein Teil der Kugeln wirkt mit ihrer Gewichtskraft in der einen Richtung. Die Kugeln auf der geneigten Ebene wirken mit einer geringeren Kraft in der entgegengesetzten Richtung. Die gesamte Kette soll sich ständig in Pfeilrichtung bewegen.

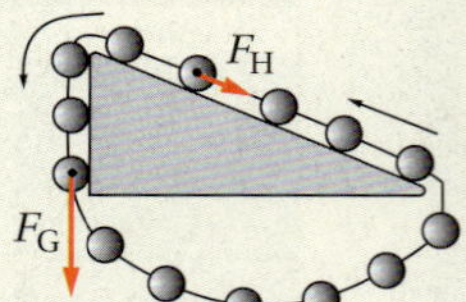

Ein solches Perpetuum mobile kann nicht funktionieren. Es widerspricht dem Energieerhaltungssatz.

Bereits im Jahre 1775 erklärten die Pariser Akademie der Wissenschaften und die Royal Society in London als die damals weltweit führenden wissenschaftlichen Einrichtungen, dass sie keinen Vorschlag für ein Perpetuum mobile mehr prüfen werden.

Trotzdem gab und gibt es noch zahlreiche Versuche, ein Perpetuum mobile zu konstruieren.

Energieflussdiagramm einer Windkraftanlage

Seit etwa 1935 werden Windkraftanlagen zur Gewinnung von Elektroenergie gebaut, getestet und ständig verbessert. Insbesondere in den letzten Jahren hat sich die Anzahl der installierten Windkraftanlagen in Deutschland stark vergrößert (Abb. 3).

Wie ist eine Windkraftanlage aufgebaut? Welche Energieumwandlungen gehen bei einer Windkraftanlage vor sich?

Den Aufbau einer Windkraftanlage zeigt Abb. 2. Auf einem Turm befindet sich ein meist dreiflügliger Rotor. Dieser Rotor ist über ein Getriebe mit einem Generator verbunden. Die ganze Anordnung ist drehbar gelagert, damit der Rotor in die jeweilige Windrichtung gedreht werden kann. Darüber hinaus können die Rotorblätter verstellt werden, um günstige Bedingungen für unterschiedliche Windgeschwindigkeiten einstellen zu können.

Die Energieumwandlungen kann man mit einem **Energieflussdiagramm** verdeutlichen (Abb. 1). Die Energie des Windes treibt den Rotor an und versetzt ihn in Bewegung. Dabei treten aufgrund von Reibungseffekten und von Wirbelbildung schon etwa 60 % Energieverluste auf.

Die Bewegungsenergie des Rotors wird über eine Welle auf das Getriebe und von dort über eine Welle zum Generator übertragen. Die im Getriebe entstehenden Verluste durch Reibung betragen 4 %. Auch bei der Umwandlung von kinetischer Energie in elektrische Energie im Generator treten nochmals Energieverluste auf.

In der Anlage werden nur 29 % der ursprünglichen Windenergie in nutzbare elektrische Energie umgewandelt. Die Windenergie wird entwertet.

3 ▸ Wind gehört zu den regenerativen Energiequellen.

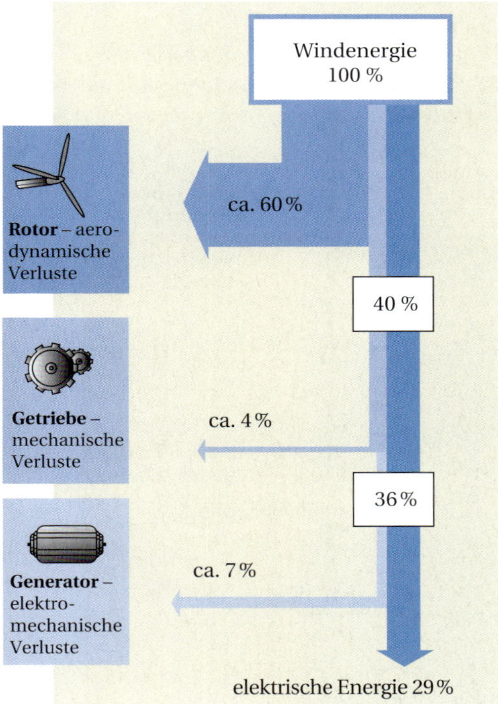

1 ▸ Energieumwandlungen bei einer Windkraftanlage: Angegeben sind Durchschnittswerte.

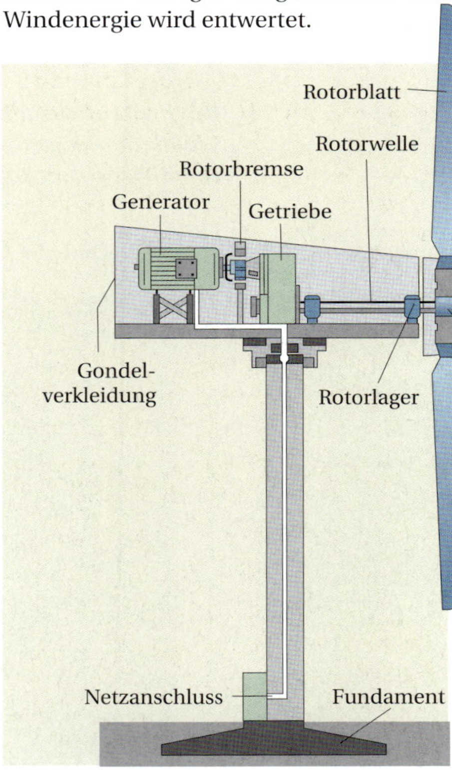

2 ▸ Aufbau einer modernen Windkraftanlage zur Gewinnung von elektrischer Energie

Projekt

Regenerative Energiequellen

Energiequellen, die nachwachsen oder immer von neuem nutzbar sind, nennt man **erneuerbare oder regenerative Energiequellen.** Beispiele sind in der Übersicht unten dargestellt.

*Holz und Biomasse sind **nachwachsende Energiequellen.***

*Wind, Wasser und Sonnenstrahlung sind als Energiequellen **immer von Neuem nutzbar.***

1. *Interpretiere die Übersicht über regenerative Energiequellen und deren Nutzung!*

2. *Erkunde, welche erneuerbaren Energieträger in welchem Umfang in Sachsen genutzt werden!*

Energie aus dem Wind

Nicht nur in Küstenregionen gibt es eine zunehmende Anzahl von Windkraftanlagen, sondern auch im Binnenland. Insgesamt bleibt aber die Leistung, die von ihnen in das Netz eingespeist wird, relativ klein. Damit sie wirtschaftlich arbeiten können, sind mittlere Windgeschwindigkeiten von 4 m/s bis 5 m/s erforderlich. Das entspricht im Mittel Windstärke 3.

Die meisten Anlagen erreichen Leistungen bis zu 1 MW.

3. *Beschreibe den Aufbau und erkläre die Wirkungsweise einer Windkraftanlage (s. S. 97)! Welche Vor- und Nachteile hat sie gegenüber einem Kohlekraftwerk? Nutze auch das Internet!*

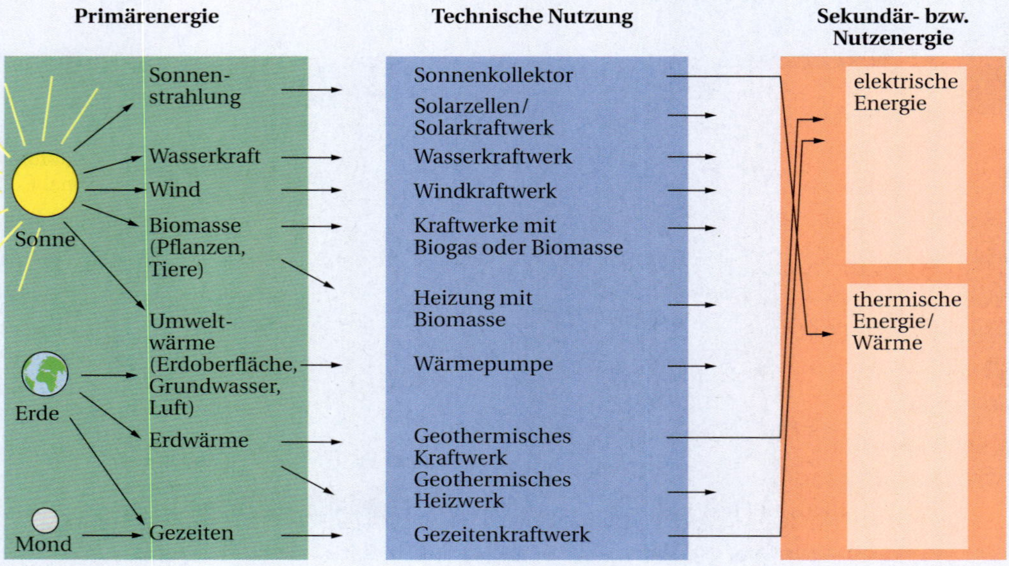

Projekt

Energie von der Sonne

Die Energie der Sonne kann man dazu nutzen, um auf direktem Wege in **Sonnenkollektoren** Wasser zu erwärmen. Dieses erwärmte Wasser kann z. B. zur Heizung von Räumen verwendet werden. Sonnenkollektoren werden meist auf den Dächern von Häusern angebracht (Abb. 1).

1 ▸ Im Sonnenkollektor auf dem Hausdach wird Wasser erwärmt.

4. **a)** *Informiere dich über den Aufbau und die Wirkungsweise eines Sonnenkollektors! Nutze das Internet!*
b) *Erkunde, in welchem Umfang Sonnenkollektoren in Wohnhäusern bzw. in öffentlichen Gebäuden in deiner näheren Umgebung genutzt werden!*

Die Energie der Sonne kann auch dazu genutzt werden, um mithilfe von **Solarzellen** Sonnenenergie direkt in elektrische Energie umzuwandeln (Abb. 2, 3). Die Technik der direkten Umwandlung von Strahlungsenergie in elektrische Energie wird als **Fotovoltaik** bezeichnet. Konzentriert man die Sonnenstrahlung mithilfe von Spiegeln in einem kleinen Bereich, so kann man das als Sonnenofen nutzen. Mit großen Spiegeln ist es möglich, Wasser zu verdampfen und mit diesem Dampf, wie in einem Wärmekraftwerk, eine Turbine anzutreiben. Eine solche Anlage wird als **Solarkraftwerk** bezeichnet.

5. *Erläutere Vor- und Nachteile der Nutzung von Sonnenenergie für verschiedene Zwecke!*

6. *Warum kann ein Solarmobil nicht nur am Tag fahren? Warum fährt es bei Sonnenschein besonders schnell? Warum hat diese Art des Antriebs bei uns noch keine größere Verbreitung gefunden?*

2 ▸ Die Sonnenenergie wird genutzt, um Elektroenergie bereit zu stellen und einen Brunnen zu betreiben.

3 ▸ Solarzellen sind aus Silicium aufgebaut und haben heute einen Wirkungsgrad von etwa 15 %.

Projekt

Allerdings reicht diese Energie nur für insgesamt ca. 7 Stunden Volllastbetrieb des Pumpspeicherkraftwerkes jährlich.

Die im Oberbecken gespeicherte Wassermenge reicht aus, um 5 Stunden lang eine Leistung von 120 MW zu erzeugen.

Energie aus Sonne, Wind und Wasser

Ein interessantes Projekt wurde im Energiepark Geesthacht bei Hamburg realisiert. Die drei erneuerbaren Energiequellen Sonne, Wind und Wasser wurden dabei miteinander kombiniert (Abb. 2). Kernstück der Anlage ist ein Pumpspeicherkraftwerk, das seit 1958 in Betrieb ist. Bis zum Jahr 1994 wurde zum Hochpumpen des Wassers billiger Nachtstrom genutzt. Jetzt wird ein Teil der Energie in einem Windkraftwerk gewonnen, ein anderer Teil von Solarzellen.

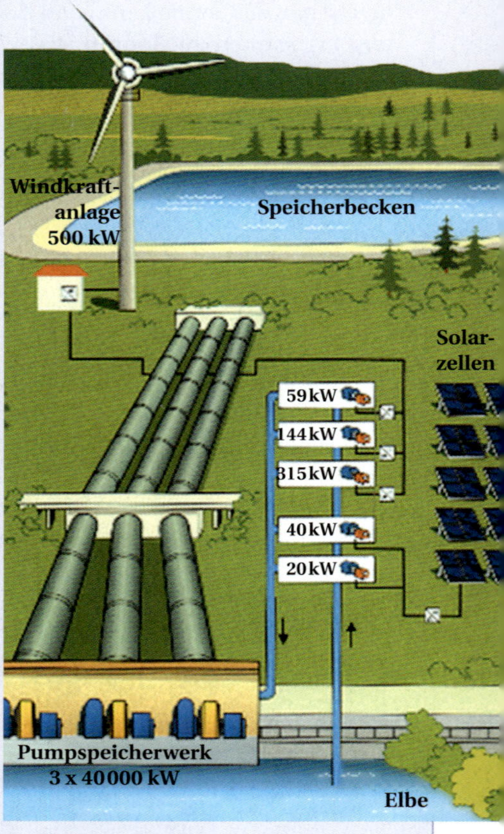

2 ▸ Energiepark Geesthacht bei Hamburg

7. *Wie funktioniert ein Pumpspeicherwerk?*

8. *Stelle eine Energieumwandlungskette für den Energiepark in Geesthacht auf!*

9. *Erkunde, welche Kombination in der Nutzung erneuerbarer Energieträger es in deiner näheren Umgebung gibt!*

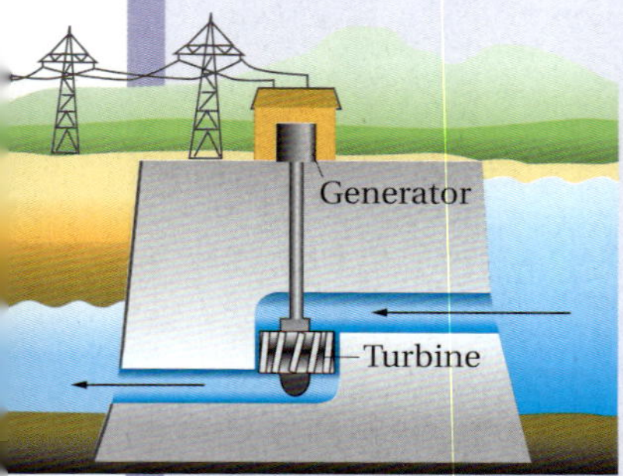

1 ▸ Prinzipieller Aufbau eines Gezeitenkraftwerks

Energie aus Gezeiten

Ebbe und Flut bedeuten strömendes Wasser. An der französischen Atlantikküste bei St. Malo wurde 1961 das erste große Gezeitenkraftwerk gebaut. Ein 800 m langer künstlicher Damm versperrt den Mündungstrichter des Flusses Rance.

10. *Was versteht man unter Gezeiten? Wie entstehen sie?*

11. *Welche Vor- und Nachteile hat ein Gezeitenkraftwerk? Erkunde, warum das Kraftwerk in St. Malo besonders effektiv arbeitet!*

Aufgaben

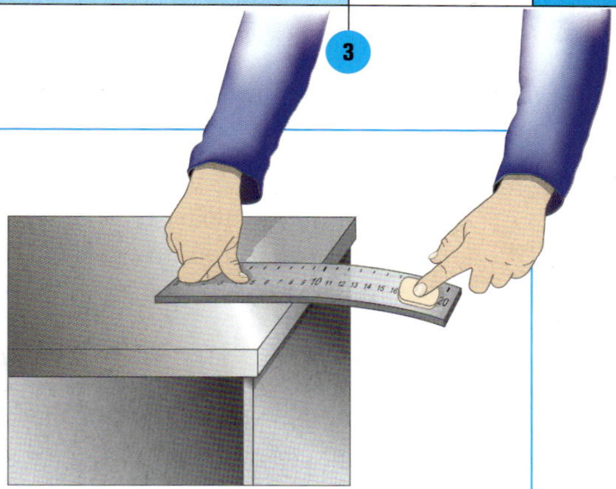
3

1. Die Abbildungen zeigen Vorgänge in Natur und Technik.
   Welche Energieformen besitzen die jeweiligen Körper?
   Welche Energieumwandlungen erfolgen bei diesen Vorgängen?

a)

b)

c)

d)

2. Unter welchen Bedingungen ist Wasser ein Energiespeicher?

3. Nenne Argumente, warum die elektrische Energie häufig als die wichtigste Energieform in unserem Leben bezeichnet wird!

4. Bereite einen Vortrag zum Thema *„Die Sonne – unsere wichtigste Energiequelle“* vor! Nutze dazu das Internet, u. a. auch **www.schuelerlexikon.de!**

5. Baue das Modell eines Schleuderbretts, wie es Artisten benutzen (s. Abb. oben)!
   a) Halte ein Lineal auf der einen Seite fest und biege es auf der Seite mit dem Radiergummi!
   Wovon hängt es ab, wie hoch der Radiergummi geschleudert wird?
   b) Verändere nun die Versuchsbedingungen: Ersetze ein Plastiklineal durch ein Holzlineal!
   Tausche einen leichten Radiergummi gegen einen schwereren Radiergummi aus!
   c) Beschreibe den gesamten Vorgang als Energiewandlungskette, indem du beim gespannten Lineal beginnst!

6. Zur Versorgung eines Wohnhauses mit Energie werden verschiedene Energieträger eingesetzt.
   a) Welche Energieträger können eingesetzt werden?
   b) Welche Energieformen sind in ihnen gespeichert?
   c) In welche Energieformen werden diese im Wohnhaus umgewandelt?

7. Gib für die folgenden Geräte an, welche Energieumwandlungen im Gerät erfolgen:
   a) elektrischer Mixer,
   b) Heizsonne,
   c) Benzinmotor eines Rasenmähers,
   d) Pendeluhr,
   e) Gasherd!

8. Erläutere die Energieumwandlungen in einem Pumpspeicherkraftwerk!
   Zeichne die Energieumwandlungskette!

9. Warum gibt es Pumpspeicherkraftwerke nur in einigen Gegenden Deutschlands?

10. Nenne wichtige Energiewandler bei der Umwandlung elektrischer Energie in andere Formen und umgekehrt! Benutze dazu folgendes Schema:

11. Erläutere, warum auch Pflanzen Energiewandler sind!

12. Beschreibe die Energieumwandlungen, die in den Geräten erfolgen! Beziehe auch die jeweiligen Energieentwertungen mit ein!

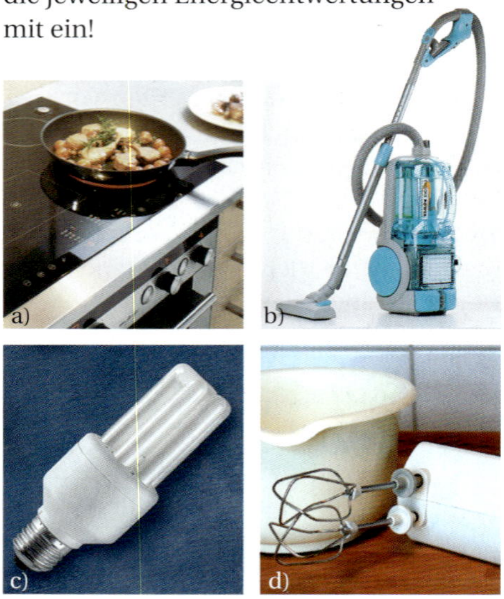

13. Ein Dieselmotor hat einen Wirkungsgrad von 35 %. Was bedeutet diese Angabe?

14. Die Tankfüllung eines Autos beträgt 50 l. Wie viel Benzin der Tankfüllung werden für die Bewegung des Autos genutzt, wenn der Wirkungsgrad des Autos 18 % beträgt?

15. In der Technik und im Alltag spricht man im Zusammenhang mit Energieumwandlungen von Energieverlusten.
Kann Energie verloren gehen? Was ist mit dem Begriff „Energieverlust“ gemeint?

16. Peter kommentiert seine Versuchsbeobachtung so: Die beiden Glühlampen verbrauchen unterschiedlich viel Energie (s. Abb.). Was meinst du dazu?

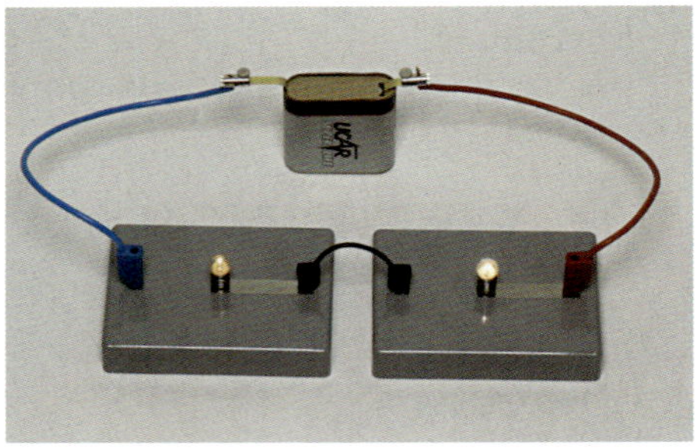

17. Stelle aus einer Plastikflasche mit Wasser oder aus einem Ball im Netz ein Pendel her! Befestige es so, dass du die maximale Auslenkung genau festlegen kannst! Lenke das Pendel bis zur Markierung aus, lass es los und beobachte die jeweilige maximale Auslenkung!
Beschreibe und erkläre!

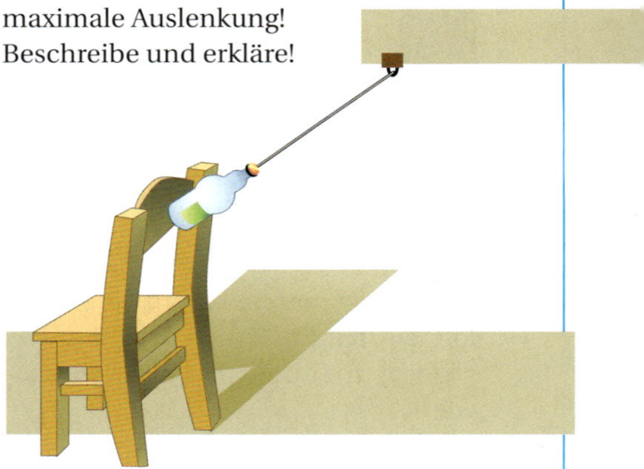

18. Erkunde, wie in deiner näheren Umgebung die Versorgung mit Fernwärme funktioniert!
Entwickle eine Energieumwandlungskette bis zum „Verbraucher“!
Wo treten „Verluste“ auf? Was wird unternommen, um diese klein zu halten?

19. Müssten Solaruhren nicht stehen bleiben, wenn es dunkel ist? Wie wird gewährleistet, dass sie ständig gehen?

Das Wichtigste auf einen Blick

Energie, Energieformen und Energieumwandlungen

Energie E ist die Fähigkeit eines Körpers, mechanische Arbeit zu verrichten, Wärme abzugeben oder Licht auszusenden.

Energie

- kann von einer Form in andere Formen umgewandelt werden.
- kann durch Arbeit, Wärme, Licht oder elektrischen Strom von einem Körper auf einen anderen übertragen werden.
- kann in Brenn- und Heizstoffen, gehobenen und bewegten Körpern oder Batterien gespeichert werden.

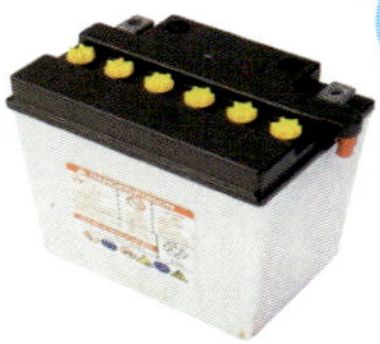

Die Umwandlung von Energie ist meist mit ihrer **Entwertung** verbunden. Bei allen Energieumwandlungen gilt stets der **Energieerhaltungssatz:**

In einem abgeschlossenen Bereich ist die Summe aller Energien konstant. Energie kann weder erzeugt noch vernichtet werden.
$E_{gesamt} = E_1 + E_2 + E_3 + \ldots = \text{konstant}$

Die Vorgänge der Energieumwandlung und der Energieübertragung von einem Körper auf einen anderen können mithilfe von **Energieflussdiagrammen** dargestellt werden.

Bei Geräten, Anlagen und Lebewesen wird immer nur ein Teil der zugeführten Energie in nutzbare Energie umgewandelt.

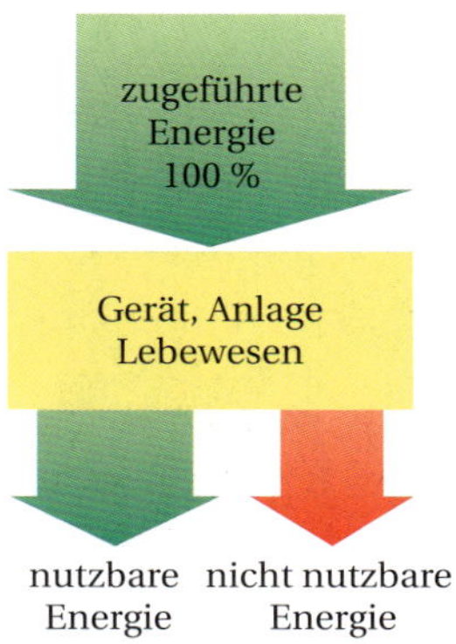

Fächerverbindendes Thema

1 ▸ Biochemische Prozesse sind durch Stoff- und Energieumwandlungen gekennzeichnet.

Energiewandler Mensch

Menschen, Tiere und Pflanzen benötigen Energie, um sich zu entwickeln, zu wachsen und um ihre Lebensprozesse aufrecht zu erhalten. Energie ist bei Menschen und Tieren auch erforderlich, um die notwendige Körpertemperatur zu gewährleisten, um sich zu bewegen und um Arbeit zu verrichten.
Für alle Lebewesen gilt:

Für alle Lebensprozesse ist Energie erforderlich. Diese muss dem Organismus zugeführt werden. M

Der Mensch nimmt energiereiche Nahrungsmittel auf und wandelt sie in körpereigene Stoffe um. Beim Abbau dieser energiereichen Stoffe wird lebensnotwendige Energie freigesetzt. Im Organismus selbst erfolgen eine Reihe von Energie- und Stoffumwandlungen. Der Gesamtprozess ist in Abb. 1 dargestellt.

Kennzeichnend für alle Lebewesen und den Menschen sind:

- Es erfolgt eine Aufnahme von Stoffen (Nahrungsmitteln) und damit zugleich die Aufnahme hochwertiger Energie.
- Im Körper laufen aufbauende und abbauende Prozesse ab. Bei den abbauenden Prozessen erfolgt eine Entwertung der aufgenommenen Energie.
- Vom Körper werden Stoffe und Energie abgegeben. Die abgegebene Energie ist nicht mehr hochwertig.

1. *Wie lautet der Energieerhaltungssatz? Gilt er auch für den Energiewandler Mensch?*

2. *Beschreibe mithilfe der Abb. 1 die Stoff- und Energieumwandlungen, die beim Menschen vor sich gehen!*

3. *Die verschiedenen Energieformen haben für den Menschen einen unterschiedlichen Wert.*
   a) *Nenne verschiedene Energieformen! Welche sind für den Menschen hochwertig, welche nicht? Begründe!*
   b) *Die in Nahrungsmitteln gespeicherte Energie kann man als hochwertige chemische Energie bezeichnen. Begründe!*
   c) *Beim Abbau energiereicher Substanz wird die chemisch gebundene Energie umgewandelt und entwertet. Diskutiere, was das bedeutet!*

Fächerverbindendes Thema

Bestandteile unserer Ernährung sind Kohlenhydrate, Eiweiße und Fette. Die Nahrungsmittel auf dem Foto sind zudem reich an Ballaststoffen.

Bestandteile der Nahrung

Am Anfang einer **Nahrungskette** stehen die grünen Pflanzen. Sie produzieren die organischen Stoffe, welche die Nahrungsgrundlage für Tiere bilden. Einbezogen in die Nahrungskette ist auch der Mensch, der pflanzliche und tierische Nahrung zu sich nimmt.

*Über so genannte **Nahrungsketten** stehen Menschen, Tiere und Pflanzen in Beziehung.*

Wichtige **Nährstoffe** sind für den Menschen Kohlenhydrate, Eiweiße und Fette. Zu den **Ergänzungsstoffen** gehören Vitamine, Mineralstoffe, Wasser und Ballaststoffe. Alle diese Stoffe sind lebensnotwendig. Jedes Nahrungsmittel enthält aber immer nur einen Teil aller vom Menschen benötigten Nähr- und Ergänzungsstoffe. Deshalb ist es erforderlich, täglich unterschiedliche Nahrungsmittel aufzunehmen und sie so auszuwählen, dass die Ernährung nicht nur abwechslungsreich ist, sondern auch alle lebensnotwendigen Bestandteile enthält.

4. **a)** *Stelle in einer Übersicht alle Nahrungsmittel und auch die Getränke zusammen, die du im Laufe von 24 Stunden zu dir nimmst!*

b) *Ordne die Nahrungsmittel und Getränke den 8 Gruppen des Nahrungsmittelkreises (s. Abb. S. 106) zu!*

c) *Leite Folgerungen für deine künftige Ernährung ab!*

Fächerverbindendes Thema

In einem **Nahrungsmittelkreis** (Abb. links unten) sind die Gruppen von Nahrungsmitteln dargestellt, aus denen man täglich etwas zu sich nehmen sollte.
In welchen Anteilen man die verschiedensten Nahrungsmittel zu sich nehmen sollte, ist aus einer **Ernährungspyramide** (Abb. rechts unten) ablesbar. Die Prozentzahlen beziehen sich auf die empfohlene Menge der Nahrungsmittel pro Tag.

5. *Auf Verpackungen von Lebensmitteln sind häufig „Nährwertangaben pro 100 g" angegeben (Abb. rechts). Der Brennwert entspricht dem Energiegehalt von 100 g des Nahrungsmittels.*

a) *Wie viel Energie nimmt man zu sich, wenn man 150 g Zuckermilch (Abb. rechts) löffelt?*

b) *Stelle in einer Übersicht für verschiedene Lebensmittel die Nährwertangaben pro 100 g zusammen! Notiere auch jeweils den Gehalt an Eiweiß, Kohlenhydraten und Fett!*

c) *Berechne jeweils den Energiegehalt aus den Angaben für Eiweiß, Kohlenhydraten und Fett, so wie sie links angegeben sind!*

6. *Stelle die Ernährungspyramide als Kreisdiagramm dar!*

Für den Energieinhalt (= Brennwert) gilt:

1 g Eiweiß:	*17 kJ*
1 g Kohlenhydrate:	*18 kJ*
1 g Fett:	*39 kJ*

Manchmal wird auch noch die Einheit 1 Kilokalorie (1 kcal) genutzt:

1 kcal = 4,19 kJ

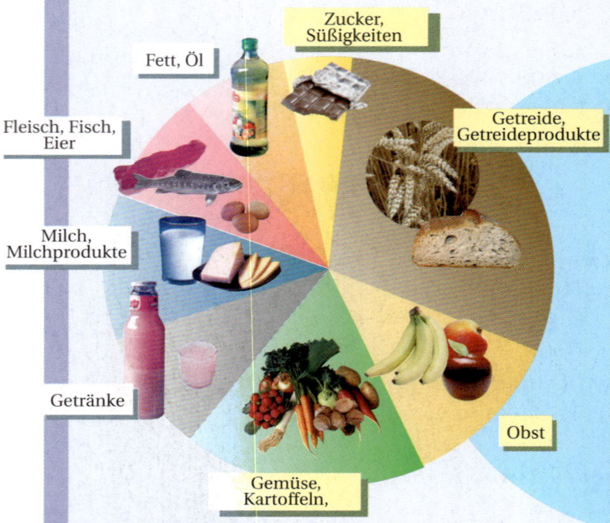

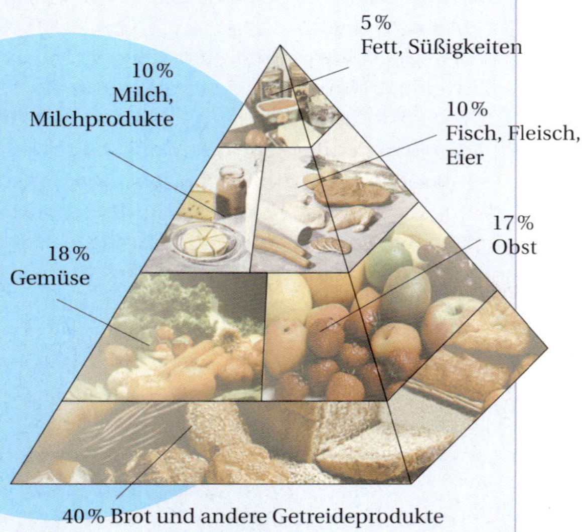

Fächerverbindendes Thema

Der Energiebedarf des Menschen

Der Energiebedarf von Menschen ist sehr unterschiedlich und kann zwischen etwa 8 000 kJ (8 MJ) und 25 000 kJ (25 MJ) pro Tag liegen. Er hängt nicht nur vom Körpergewicht und vom Alter ab, sondern wird vor allem von der körperlichen Aktivität und der Art der Tätigkeit bestimmt (Abb. 1). So benötigen z. B. Hochleistungssportler oder Personen, die körperlich schwer arbeiten, wesentlich mehr Energie als Personen, die vorwiegend am Schreibtisch sitzen. Folgende Richtwerte werden in Abhängigkeit vom Alter bei durchschnittlicher Aktivität empfohlen:

Alter	Richtwert in kJ/Tag	
	männlich	weiblich
10–12	9 650	9 250
13–14	11 350	10 500
15–18	12 600	10 100
19–35	10 900	9 250

7. **a)** *Ermittle, wie hoch der Energiegehalt der Nahrungsmittel ist, die du innerhalb von 24 Stunden zu dir nimmst!*

b) *Vergleiche mit den oben angegebenen Richtwerten! Wodurch könnten die Abweichungen zustande kommen?*

8. *Einige Schüler nehmen mit den Nahrungsmitteln mehr Energie zu sich, als sie für die Aufrechterhaltung der Lebensfunktionen und der von ihnen durchgeführten Tätigkeiten benötigen.*

a) *Was geschieht mit dieser überschüssigen Energie?*

b) *Wie müsste die Energiebilanz bei einer Person aussehen, die abnehmen will?*

9. *Stelle die Richtwerte für den Energiebedarf in Abhängigkeit vom Alter in einem Säulendiagramm dar!*

In Abhängigkeit von der Tätigkeit des Menschen geht man von folgenden Werten aus:

Tätigkeit	Richtwert in kJ/Tag
leichte körperliche Tätigkeit (z. B. Sekretärin)	10 000 – 12 500
schwere körperliche Arbeit (z. B. Briefträger)	12 000 – 16 500
Schwerstarbeit (z. B. Maurer)	17 500 – 20 000

1 ▸ Der Energiebedarf des Menschen ist von vielen Faktoren abhängig.

Fächerverbindendes Thema

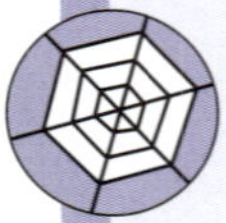

Auch für sportliche Aktivitäten, ob in der Schule oder in der Freizeit, wird viel Energie benötigt (s. Tabelle).

Sportart	Energiebedarf in kJ/(h · kg)
leichte Gymnastik	13
9 km Laufen	36
4,5 km Wandern	13
3 km Schwimmen	45
Handball spielen	80
43 km Radfahren	66

Der Leistungsumsatz eines Sportlers ist wesentlich größer als der eines Zuschauers.

10. a) *Birgit (50 kg) und Klaus (70 kg) wandern mit ihrer Klasse 4 Stunden am See entlang. Wie viel Energie benötigen die beiden Schüler jeweils?*

b) *Jan (60 kg) ist Radrennfahrer. Wie viel Energie benötigt er für eine 3-stündige Trainingsfahrt?*

11. *Stelle anhand der Übersicht links Nahrungsmittel für einen Tag so zusammen, dass der gesamte Energiegehalt etwa 10 MJ beträgt und die Ernährung vielseitig und vollwertig ist!*

12. *Paul isst zum Frühstück 100 g Joghurt, 20 g Butter, 40 g Honig und ein 100 g wiegendes Brötchen.*

a) *Wie groß ist der Energiegehalt dieser Nahrungsmittel?*

b) *Wie viel Prozent des Tagesbedarfs sind damit gedeckt, wenn man als Tagesbedarf 12 000 kJ annimmt?*

Energiegehalt einiger Nahrungsmittel

Nahrungsmittel	Energiegehalt je 100 g in kJ
Joghurt	300
Butter	3 000
Margarine	2 960
Schmalz	3 770
Hühnerei	680
Honig	1 270
Milchschokolade	2 180
Roggenbrot	950
Brötchen	1 130
Spaghetti	1 540
Kotelett	1 430
Rindsfilet	511
Cervelatwurst	1 070
Forelle	420
Karpfen	61
Apfel	243
Banane	360
Haselnüsse	2 625
Kartoffeln	320

Grundumsatz und Leistungsumsatz

Die Energie, die der Mensch zur Aufrechterhaltung aller Lebensprozesse benötigt, wird als **Grundumsatz** bezeichnet. Bei Kindern und Jugendlichen kann der Grundumsatz mit folgender Gleichung berechnet werden:

$$GU = 6{,}2\ \frac{\text{kJ}}{\text{kg} \cdot \text{h}} \cdot m \cdot t$$

m Körpermasse in kg
t Zeit in h

Für Erwachsene gilt eine ähnliche Gleichung. Der Faktor 6,2 ist durch den Faktor 4,2 zu ersetzen.

13. *Berechne mithilfe der genannten Gleichung deinen Grundumsatz für einen Zeitraum von 24 Stunden! Warum ist der Grundumsatz geringer als der Energiebedarf?*

Fächerverbindendes Thema

Übt man sportliche oder andere Tätigkeiten aus, so kommt zum Grundumsatz der **Leistungsumsatz** hinzu.

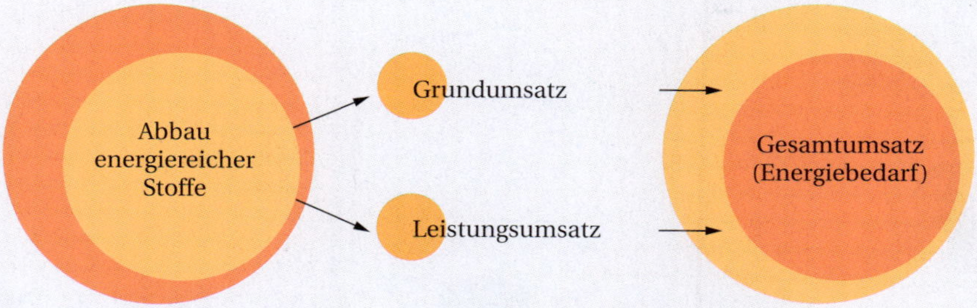

Der Wirkungsgrad des Menschen

Der Mensch ist ein Energiewandler und hat wie jeder andere Energiewandler einen Wirkungsgrad. Der Wirkungsgrad eines Gerätes, einer Anlage oder eines Lebewesens gibt an, welcher Anteil der zugeführten Energie E_{zu} in nutzbringende Energie E_{nutz} umgewandelt wird.

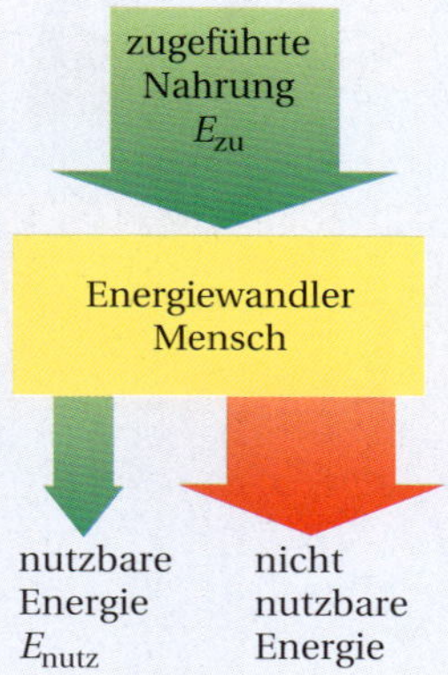

Die Besonderheiten des Menschen bestehen darin, dass sein Wirkungsgrad sehr stark von der jeweiligen Tätigkeit abhängt und darüber hinaus auch von Person zu Person unterschiedlich ist. Die in der Tabelle angegebenen Wirkungsgrade sind Durchschnittswerte. Der maximale Wirkungsgrad des Menschen liegt bei etwa 0,3 bzw. 30 %.

$$\eta = \frac{E_{nutz}}{E_{zu}}$$

Der Wirkungsgrad ist stets kleiner als 1 bzw. kleiner als 100 %.

14. *Interpretiere folgende Aussage: Der Mensch hat beim Gehen auf ebener Strecke einen durchschnittlichen Wirkungsgrad von 0,2 bzw. 20 %!*

15. *Vergleiche den maximalen Wirkungsgrad des Menschen mit dem Wirkungsgrad von verschiedenen Geräten und Anlagen!*

16. *Mitunter wird behauptet, dass Schwimmen besonders gesund sei.*
- **a)** *Was ist damit eigentlich gemeint?*
- **b)** *Begründe mit dem Wirkungsgrad, dass die obige Aussage richtig sein kann!*

17. *Ein Radfahrer hat bei 2 Stunden Fahrt einen Gesamtenergiebedarf von 8 400 kJ. Wie viel Energie wird für die Fortbewegung genutzt? Was geschieht mit der übrigen Energie?*

Wirkungsgrade bei körperlicher Tätigkeit des Menschen	
Schwimmen	3 %
Gewichtheben	10 %
Rad fahren	25 %
Bergauf gehen	30 %

3.2 Mechanische Energie und mechanische Leistung

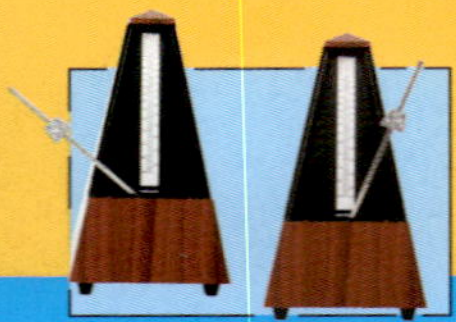

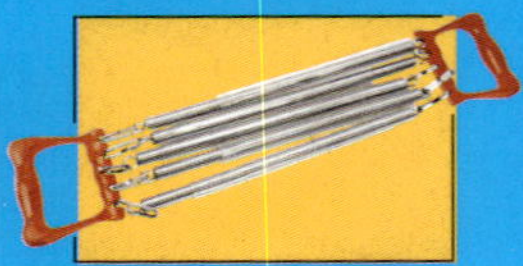

Ein Bär schlägt zu Um Küsten oder Flussufer zu befestigen, werden dicke Holzstämme in den Boden gerammt. Baugruben werden mit Spundwänden aus Stahl abgesichert. Dazu benutzt man Rammen. Ein Rammbär fällt aus einer bestimmten Höhe auf die Stämme oder Spundwände und treibt sie in den Boden.

Woher erhält der Rammbär aus Stahl seine Energie? Wovon hängt diese Energie ab?

Hohe Leistung nicht von Dauer Auch aus der Beobachterposition ist ein Abfahrtslauf immer wieder atemberaubend. Nicht nur wegen des rasanten Tempos, sondern auch wegen der waghalsigen Kurvenfahrten. Alles dauert nur wenige Sekunden. Eine sportliche Höchstleistung unterscheidet sich von der menschlichen Dauerleistung.

Von welchen Faktoren hängt die Leistung ab?

Die mechanische Energie

Ein fallender Stein, ein fahrendes Auto, eine gespannte Feder oder ein rotierendes Schwungrad besitzen Energie. Das gilt auch für strömendes oder angestautes Wasser.
Die Energie, die Körper aufgrund ihrer Lage oder ihrer Bewegung haben, wird als **mechanische Energie** bezeichnet.

> **M** **Energie ist die Fähigkeit eines Körpers, mechanische Arbeit zu verrichten, Wärme abzugeben oder Licht auszusenden.**
>
> **Formelzeichen:** E_{mech}
> **Einheiten:** 1 Joule (1 J)

Mechanische Energie kann in verschiedenen Formen auftreten. Gehobene Körper, z. B. die Kinder auf dem Klettergerüst (Abb. 1), besitzen **Lageenergie.** Sie wird in der Physik auch als **potenzielle Energie** bezeichnet.

> **M** **Die potenzielle Energie eines gehobenen Körpers kann berechnet werden mit der Gleichung:**
>
> $E_{pot} = F_G \cdot h$
>
> F_G Gewichtskraft des Körpers
> h Höhe

Auch elastisch verformte Körper besitzen potenzielle Energie. Sie wird als **Spannenergie** bezeichnet.

1 ▸ Gehobene Körper besitzen potenzielle Energie.

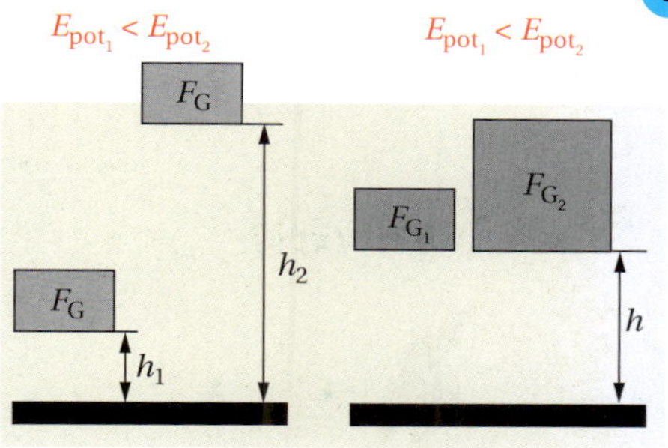

2 ▸ Abhängigeiten der potenziellen Energie

Die potenzielle Energie, die ein Körper aufgrund seiner Lage besitzt (Abb. 2), ist umso größer,

- je höher der Körper gehoben wird und
- je größer seine Gewichtskraft ist.

Demnach unterscheiden sich z. B. die Lageenergien der Kinder auf dem Klettergerüst. Die schwereren unter ihnen, die aber auf gleicher Höhe gegenüber dem Erdboden sind, haben eine größere Energie als die leichteren Kinder. Angenommen, es gibt auch Kinder mit gleichen Gewichtskräften. Dann haben diejenigen die größere Lageenergie, die sich in größerer Höhe gegenüber dem Erdboden befinden.

Eine spezielle Form der kinetischen Energie ist die Rotationsenergie, die z. B. rotierende Schwungräder haben.

Die Lageenergie der Kinder ist null, wenn sie wieder vom Gerüst heruntergeklettert sind ($h = 0$).
Bewegte Körper (Abb. 2) besitzen **Bewegungsenergie (kinetische Energie).**

2 ▸ Bewegte Körper besitzen kinetische Energie.

1 ▸ Das verformte Trampolin besitzt Spannenergie (potenzielle Energie).

Ein verformtes Trampolin (Abb. 1) oder das Seil beim Bungee-Springen besitzen ebenso wie gespannte Federn oder Bögen **Spannenergie**. Diese ist neben der Energie gehobener Körper eine weitere Form der potenziellen Energie.

Die Spannenergie ist umso größer, je stärker eine Feder, eine Sehne oder eine Gummimembran elastisch verformt worden sind. Außer der Kraft, die die elastische Verformung rückgängig machen kann, beeinflusst auch die Art der Feder oder der Gummihaut den Wert der Spannenergie.

Je härter z. B. eine Feder ist, desto größer ist auch bei einer bestimmten Dehnung ihre Spannenergie. Eine Feder, die nicht gedehnt oder gestaucht wurde, hat die Spannenergie Null.

Mechanische Energien in Natur und Technik	
Potenzielle Energie	
Ziegelstein (m = 3,5 kg), um 1 m gehoben	35,0 J
Mensch (m = 55 kg) auf 10-m-Sprungbrett	5,5 kJ
Rammbär (m = 1000 kg), um 1 m gehoben	10 kJ
Kinetische Energie	
Apfel (m = 100 g) bei 1 m freiem Fall	1 J
Mensch (m = 55 kg) beim normalen Gehen	50 J
Pkw (m = 1000 kg) bei 100 km/h	386 kJ

Die Energie einer gespannten Feder

Die Energie, die eine gespannte Feder besitzt, ist ebenfalls potenzielle Energie (Spannenergie).
Je stärker eine Feder gedehnt wird, desto größer ist ihre Spannenergie.

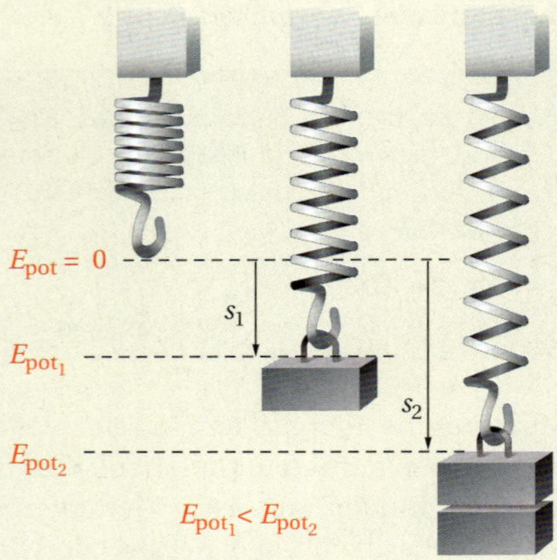

Spannenergie besitzen auch ein gespannter Bogen, ein verformter Expander oder ein gebogener Ast.

Die Energie eines bewegten Körpers

Die **kinetische Energie** eines Körpers ist von der Masse und von der Geschwindigkeit des Körpers abhängig. So hat bei einer bestimmten Geschwindigkeit ein schwerer Lkw eine wesentlich größere kinetische Energie als ein leichter Pkw. Die kinetische Energie eines Pkw, der mit 130 km/h fährt, ist wesentlich größer als die bei einer Geschwindigkeit von 50 km/h.
Die kinetische Energie (Bewegungsenergie) eines Körpers ist umso größer,
- je größer die Masse des Körpers ist und
- je größer seine Geschwindigkeit ist.

Dabei gilt: Verdoppelt sich die Geschwindigkeit eines Körpers, so vervierfacht sich seine kinetische Energie. So hat z. B. ein Pkw bei einer Geschwindigkeit von 100 km/h eine viermal so große kinetische Energie wie bei 50 km/h.

3

Umwandlung und Erhaltung von mechanischer Energie

Mechanische Energie hat zwei wichtige Eigenschaften: Sie kann umgewandelt und übertragen werden. Das gilt für die Formen der mechanischen Energie ebenso wie für andere Energieformen.
Inline-Skater wandeln ständig potenzielle und kinetische Energie ineinander um (Abb. 1, 3):

Im Punkt A befindet sich der Skater im höchsten Punkt. Demzufolge ist seine Lageenergie am größten. Während er hinabrollt, wird er immer schneller. In Punkt B hat er die größte Geschwindigkeit erreicht, seine Lageenergie ist vollständig in kinetische Energie umgewandelt worden. Beim Hochrollen wird er wieder langsamer. Seine kinetische Energie wandelt sich in potenzielle Energie um. Der Vorgang beginnt von Neuem.
Auch bei einem Fadenpendel wandelt sich ständig potenzielle Energie in kinetische Energie um und umgekehrt (Abb. 2).
Bei realen Vorgängen, wie bei einer Fahrt auf der Skateboard-Bahn, wird ein Teil der mechanischen Energie durch Reibung in Wärme umgewandelt und an die Umgebung abgegeben.

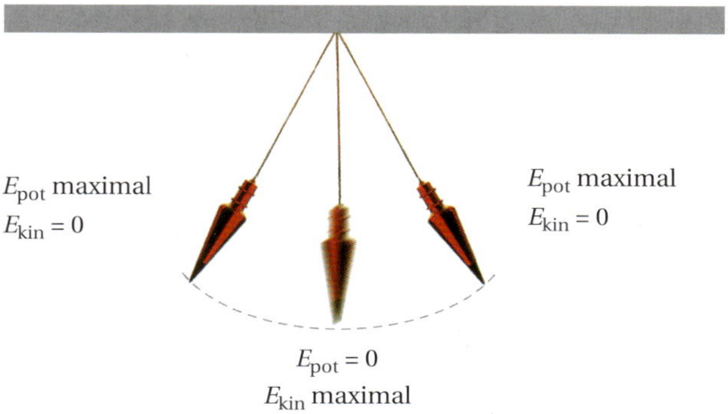

2 ▸ Energieumwandlungen beim Fadenpendel

Geht man davon aus, dass bei einem Vorgang keine mechanische Energie in andere Energieformen umgewandelt wird und auch kein Energieaustausch mit der Umgebung erfolgt, so spricht man von einem abgeschlossenen mechanischen Bereich. Für einen solchen Bereich gilt der **Energieerhaltungssatz der Mechanik.**

Der Energieerhaltungssatz der Mechanik ist ein Spezialfall des allgemeinen Energieerhaltungssatzes (s. S. 92).

M

In einem abgeschlossenen mechanischen Bereich ist die mechanische Energie stets konstant.

$$E_{mech} = E_{pot} + E_{kin} = \text{konstant}$$

E_{mech} mechanische Energie
E_{pot} potenzielle Energie
E_{kin} kinetische Energie

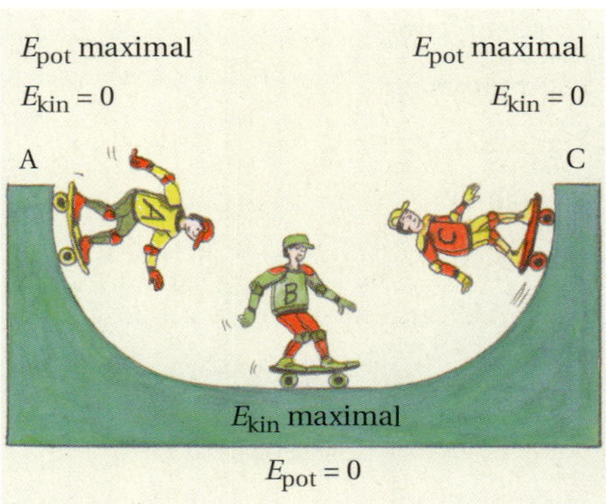

1 ▸ Energieumwandlungen bei einer Skateboard-Bahn

3 ▸ Schüler auf einer Skateboard-Bahn: Sie besitzen potenzielle bzw. kinetische Energie.

Die mechanische Leistung

Mechanische Energie kann unterschiedlich schnell umgewandelt bzw. übertragen werden. Tina und Lisa wiegen jeweils 50 kg. Beim Stangenklettern schafft Tina die 4-m-Strecke in 7 s, Lisa dagegen braucht dafür 10 s. Tina hat die gleiche mechanische Energie schneller umgewandelt als Lisa. Damit ist Tinas **Leistung** größer als die von Lisa.

Die mechanische Leistung gibt an, wie viel Energie in jeder Sekunde umgewandelt bzw. übertragen wird.

Formelzeichen: P

Einheiten:

1 Joule je Sekunde	$(1\,\frac{\text{J}}{\text{s}})$
1 Newtonmeter je Sekunde	$(1\,\frac{\text{N}\cdot\text{m}}{\text{s}})$
1 Watt	(1 W)

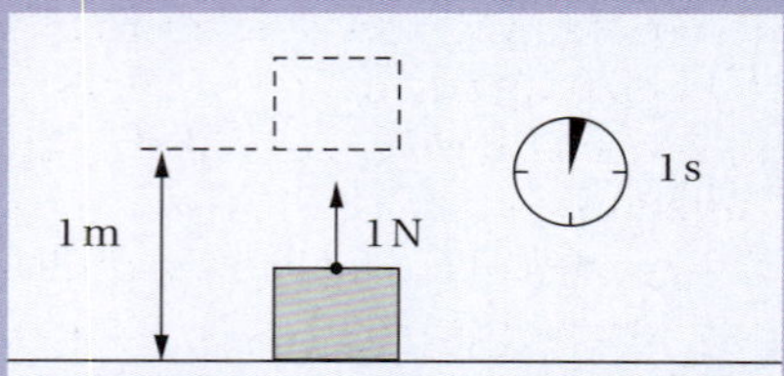

Die Einheit 1 W ist nach JAMES WATT (1736 bis 1818) benannt, der die erste für die Wirtschaft brauchbare Dampfmaschine entwickelt hat.

Für die Einheiten gilt:

$$1\,\text{W} = 1\,\frac{\text{J}}{\text{s}} = 1\,\frac{\text{N}\cdot\text{m}}{\text{s}}$$

Statt $\frac{N \cdot m}{s}$ schreibt man häufig auch: $\frac{Nm}{s}$

Eine Leistung von 1 W wird vollbracht, wenn ein Körper mit einer Gewichtskraft von 1 N in 1 s um 1 m gehoben wird.

Vielfache der Einheit 1 W sind ein Kilowatt (1 kW) und ein Megawatt (1 MW):
1 kW = 1000 W
1 MW = 1000 kW = 1 000 000 W

Manchmal wird auch noch die gesetzlich nicht mehr zulässige Einheit eine Pferdestärke (1 PS) verwendet:
1 PS = 736 W

Eine Leistung von 1 Watt wird auch vollbracht, wenn ein Körper mit einer Kraft von 1 Newton in einer Sekunde 1 Meter in Richtung der Kraft bewegt wird.

Die mechanische Leistung kann berechnet werden mit der Gleichung:

$$P = \frac{E}{t}$$

E	umgewandelte bzw. übertragene Energie
t	Zeit

Ein Fahrstuhl, der für die gleiche Stockwerkshöhe nur die Hälfte der Zeit benötigt als ein anderer, hat eine doppelt so große Leistung als dieser.

Wird von einem Kran A die doppelte Menge Steine in der gleichen Zeit in eine bestimmte Höhe transportiert als von einem Kran B, dann hat Kran A doppelt soviel geleistet wie Kran B.

Während Maschinen ausdauernd eine bestimmte hohe Leistung vollbringen können, sind Menschen nur kurzzeitig zu einer Höchstleistung in der Lage. Diese Höchstleistung kann mehr als 1 000 W betragen. Die mittlere Leistung eines Menschen über einen längeren Zeitraum hinweg liegt bei etwa 100 W.

Leistungen in Natur und Technik	
Taschenrechner	0,02 W
Fahrraddynamo	3 W
Mensch (Dauerleistung)	80 W–100 W
Rad fahren	200 W
Tauchsieder	300 W–1000 W
Dauerleistung eines Pferdes	ca. 500 W
kurzzeitige sportliche Höchstleistung (Mensch)	1,5 kW–2 kW
mittlerer Automotor	50 kW
Formel-1-Rennwagen	ca. 500 kW

3

Physik in Natur und Technik

Bälle für alle Fälle

Bälle, die man aus gleichen Höhen fallen lässt, springen nicht nur unterschiedlich hoch, sondern können auch wie im Falle eines Wasserballs oder Medizinballs fast sofort am Boden liegen bleiben.

Beschreibe die Energieumwandlungen, wenn ein Superball, ein Tischtennisball und ein Medizinball aus gleichen Höhen fallen! Welche Gemeinsamkeiten und welche Unterschiede gibt es?

Während der Superball A nach dem ersten Aufprall auf dem Boden fast wieder seine ursprüngliche Höhe erreicht und noch lange springt, bleibt der Tischtennisball B deutlich unter seiner Höhe und springt nur noch einige Male immer weniger hoch. Der Medizinball C bleibt sofort liegen (Abb. 1).

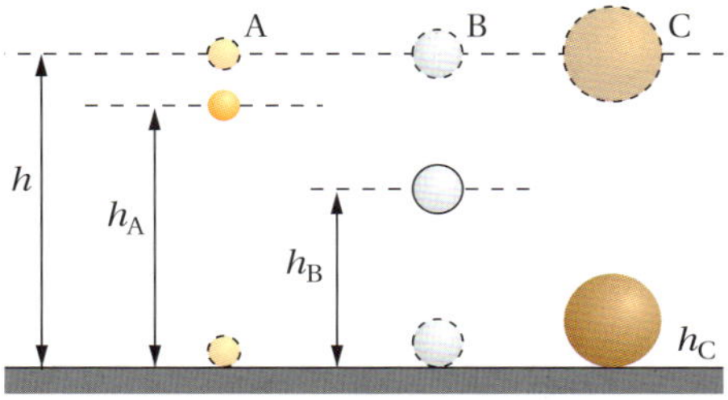

1 ▸ Nach dem Aufprall gilt: $h > h_A > h_B$ und $h_C = 0$.

In allen drei Fällen wird die Lageenergie beim Fallen in kinetische Energie umgewandelt. Am Boden ist die kinetische Energie am größten und die Lageenergie ist gleich null.

Mit dem Aufprall auf dem Boden unterscheiden sich die drei Vorgänge.

Beim **Medizinball** führt die kinetische Energie zur unelastischen Verformung. Ein Teil der Energie wird durch Reibung in thermische Energie umgewandelt. Der Ball erhöht geringfügig seine Temperatur und die seiner Umgebung.

Das **Gemeinsame** in den Energieumwandlungen beim **Superball** und beim **Tischtennisball** zeigt sich beim Aufprall auf dem Boden: Der größte Teil der kinetischen Energie wird zur elastischen Verformung der Bälle genutzt. Die Spannenergie erhöht sich und wird wieder in kinetische Energie umgewandelt. Beide Bälle springen nach oben, wobei ihre Lageenergie in dem Maße zunimmt, wie ihre kinetische Energie abnimmt. Im obersten Punkt ist die kinetische Energie null, die Lageenergie hat dann ihren höchsten Wert erreicht.

Die kinetische Energie ist aber kleiner als am Anfang, weil bei jedem Aufprall durch Reibung ein Teil der Energie als Wärme abgegeben wird.

Der **Unterschied** in den Energieumwandlungen beim Superball und beim Tischtennisball liegt in ihrer Elastizität begründet.

Höchstleistung leider nicht von Dauer

Während beim Hochsprung nur die Höhe der übersprungenen Latte interessiert, geht es beim Gewichtheben allein um ein „Kräftemessen".

Ein Vergleich der beiden sportlichen Leistungen im physikalischen Sinne ist nur möglich, wenn einige Größen bekannt sind. So hebt der Hochspringer (m = 75 kg) seinen Schwerpunkt etwa um 1 m (Abb. 2). Dafür benötigt er 0,5 s. Der Gewichtheber hebt 180 kg etwa 2 s um eine Höhe von 2 m.

2 ▸ Ein Hochspringer vollbringt kurzzeitig eine sportliche Höchstleistung.

Sowohl beim Hochspringer als auch beim Gewichtheber handelt es sich um Augenblicksleistungen.

Vergleiche die Leistungen eines Hochspringers und eines Gewichthebers mit der menschlichen Dauerleistung von etwa 100 W!

Analyse:
Beide Sportler wandeln mechanische Energien ineinander um.

Gesucht: Leistung des Hochspringers P_H
Leistung des Gewichthebers P_G

Gegeben:
$m_H = 75\,kg \Rightarrow F_{G_H} = 750\,N$
$m_G = 180\,kg \Rightarrow F_{G_G} = 1\,800\,N$
$h_H = 1\,m \qquad h_G = 2\,m$
$t_H = 0{,}5\,s \qquad t_G = 2\,s$

Lösung:
Die Leistung kann berechnet werden mit der Gleichung:

$$P = \frac{E_{pot}}{t} \qquad E_{pot} = F_G \cdot h$$

Damit ergibt sich für die Leistung:

$$P = \frac{F_G \cdot h}{t}$$

$$P_H = \frac{750\,N \cdot 1\,m}{0{,}5\,s} \qquad P_G = \frac{1\,800\,N \cdot 2\,m}{2\,s}$$

$$\underline{P_H = 1\,500\,W} \qquad \underline{P_G = 1\,800\,W}$$

Ergebnis:
Die Leistung des Gewichthebers von 1800 W ist 1,2-mal so groß wie die Leistung des Hochspringers von 1500 W. Beide liegen als Augenblicksleistungen weit über der Dauerleistung eines Menschen.

Die Augenblicksleistungen sind 15- bzw. 18-mal größer als die Dauerleistung von 100 W.

Solche Höchstleistungen können von Menschen nur einen kurzen Zeitraum lang erbracht werden. Die genannte Dauerleistung von 100 W kann dagegen auch mehrere Stunden lang vollbracht werden.

Hoch, höher, am höchsten

Im Zirkus benutzen manche Artisten ein Schleuderbrett (Abb. 1). Ein Artist springt von einem Podest auf eine Seite der Wippe und schleudert dadurch den anderen Artisten in die Höhe.

Welche Energieumwandlungen und Energieübertragungen treten dabei auf?

Der Artist auf dem Podest besitzt aufgrund seiner höheren Lage gegenüber dem Schleuderbrett und dem darauf stehenden Artisten potenzielle Energie. Beim Sprung vom Podest wird potenzielle Energie in kinetische Energie umgewandelt.

Nach dem Auftreffen auf das Schleuderbrett wird die kinetische Energie und die restliche potenzielle Energie des Artisten auf das Schleuderbrett und den anderen Artisten übertragen, der sich dadurch nach oben bewegt. Dabei wird dessen kinetische Energie in potenzielle Energie umgewandelt, bis die Aufwärtsbewegung zu Ende ist.

Warum kann durch zwei Artisten eine größere Höhe erreicht werden?

Steigen zwei Artisten auf das Podest, so ist ihre gemeinsame potenzielle Energie aufgrund ihrer größeren Gewichtskraft größer, als bei einem Artisten. Der anderen Artist wird also wesentlich höher geschleudert.

1 ▸ Energieumwandlungen bei Artisten

3

Aufgaben

1. Beschreibe die Energieumwandlungen, die bei einem Fadenpendel und bei einem Federschwinger vor sich gehen!

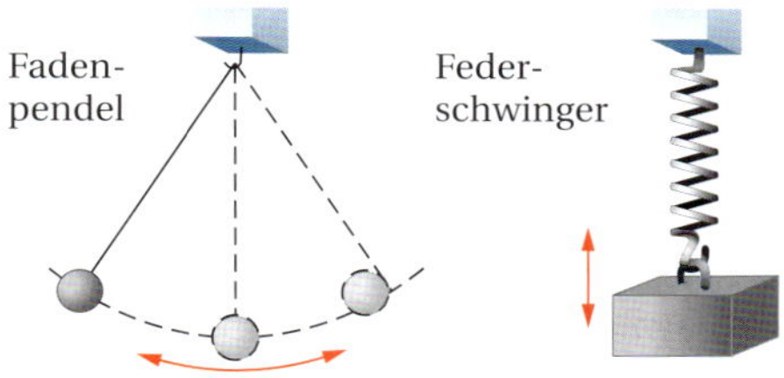

2. Gib für folgende Beispiele an, welche Energie der Körper besitzt:
a) ein fahrendes Auto,
b) ein Schwungrad,
c) ein gespannter Bogen,
d) gestautes Wasser an einem Wehr!

3. Nenne Beispiele für Körper aus Natur, Technik und Alltag, die potenzielle bzw. kinetische Energie besitzen!

4. Während Jens mutig vom 3-m-Brett ins Wasser springt, bevorzugt sein Vater das 1-m-Brett. Trotzdem haben beide auf dem jeweiligen Brett die gleiche potenzielle Energie. Wie kann das sein?

5. Auf dem Tisch steht eine Plastikflasche mit einem Liter Wasser.
Wie groß ist ihre potenzielle Energie
a) gegenüber dem Erdboden,
b) gegenüber der Tischplatte?

6. Wie ist die große zerstörerische Wirkung von Schnee- und Geröllawinen zu erklären?

7. Wo bleibt eigentlich die kinetische Energie deines Fahrrads beim Bremsen?

8. Ein Kind schwingt auf einer Schaukel hin und her. Beschreibe die dabei auftretenden Energieumwandlungen!

9. Katrin behauptet, dass der Becher in ihrer Hand (Gewichtskraft 1 N) eine potenzielle Energie von etwa null hat (s. Abb.). Michael beharrt auf 0,8 N · m.
Bilde dir eine Meinung und begründe sie!

10. Ein Ball ($m = 500$ g) wird nach oben geworfen und erreicht eine maximale Höhe von 12 m.
a) Beschreibe die Energieumwandlungen des Balles während des Fluges!
b) Wie groß ist die potenzielle Energie des Balles im höchsten Punkt seiner Bahn?

11. Bis zu welcher Höhe der rechten Seite rollt die Kugel in der Abbildung? Begründe deine Antwort!

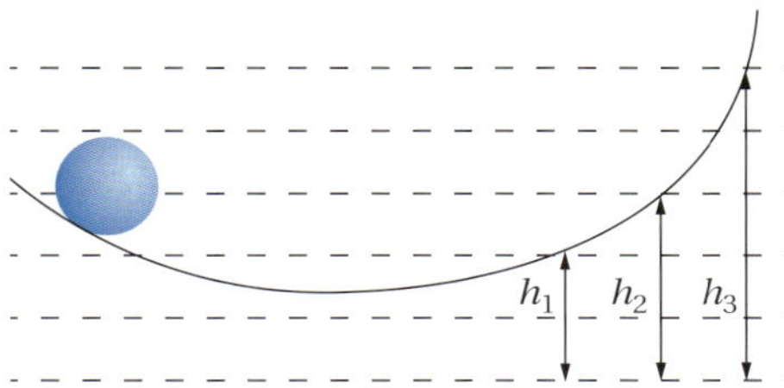

12. Ist es möglich, eine Maschine mit einem Wirkungsgrad von 100 % zu bauen?

13. Wie groß ist der Wirkungsgrad eines Schleuderbretts, wenn ein Artist aus einer Höhe von 2 m springt und sein gleich schwerer Partner 1,80 m hoch geschleudert wird?

14. Energieumwandlungen bei einem Gerät oder einem Lebewesen kann man so wie in der Abbildung darstellen.

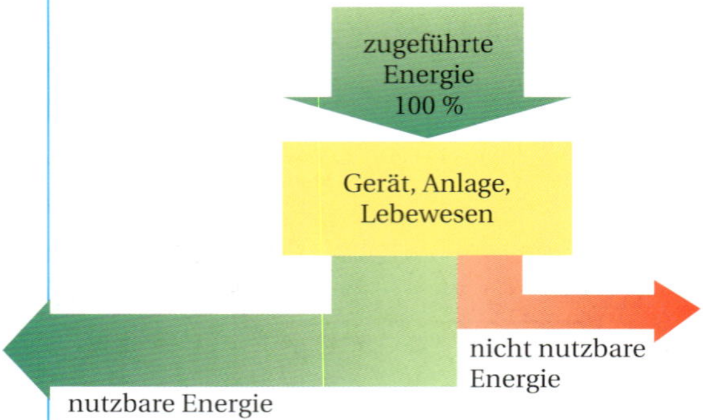

Erläutere anhand dieses Schemas die Energieumwandlungen

a) bei einem Staubsauger,

b) bei einem Rammbär!

15. Baue ein Pendel (s. Abb.) und lasse es im Punkt A los! Halte nun einen Bleistift oder einen ähnlichen Gegenstand im Punkt B an die Pendelschnur und behindere so die Pendelbewegung!

Wie setzt das Pendel seine Bewegung fort? Erreicht es die Höhe von Punkt A? Begründe deine Aussage!

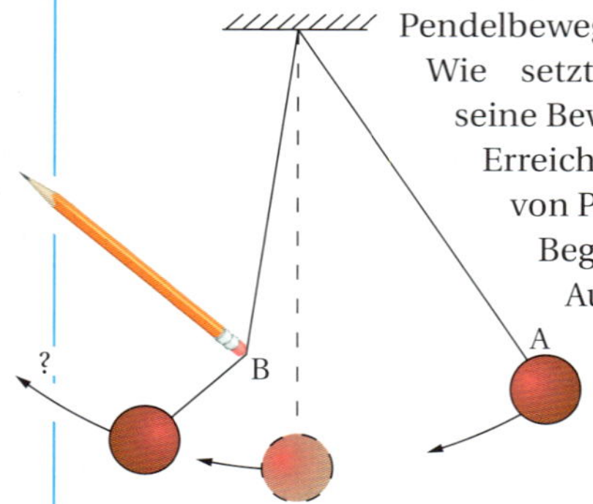

16. Erläutere, was in den folgenden Aussagen unter Leistung verstanden wird! Vergleiche mit dem physikalischen Leistungsbegriff!

a) Heute leiste ich mir einen Kinobesuch.

b) Der neue Staubsauger ist leistungsfähiger als der alte.

c) Deine Leistungen in Physik werden immer besser.

d) Bezahlt wird nach Leistung.

17. Berechne die fehlenden Werte!

	E	*P*	*t*
a	360 J		12 s
b		100 W	1 h
c	1,2 kJ	0,3 kW	
d	880 Nm		5 s

18. Ein Autofahrer sagt: „Mein Auto hat eine Leistung von 65 kW." Ein anderer stellt fest: „Mein Auto hat 80 PS, ist also leistungsstärker." Hat er Recht?

19. Mithilfe einer Pumpe werden 2000 l Wasser aus einer Baugrube 5 m hoch gepumpt. Wie groß ist die Leistung der Pumpe, wenn zum Herauspumpen des Wassers 15 min benötigt werden?

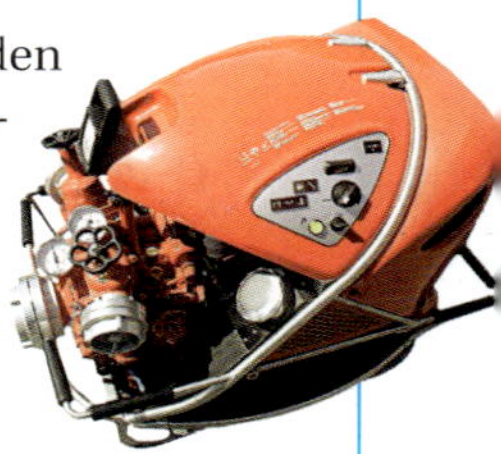

20. Um viel größer ist die Leistung von Tina beim Stangenklettern, wenn sie eine Höhe von 4 m in 7 s schafft, Lisa dagegen für die gleiche Höhe 10 s benötigt. Beide Mädchen wiegen 50 kg.

21. Bestimme experimentell deine Höchstleistung beim Treppensteigen! Miss die Zeit, die du brauchst! Bestimme den Weg aus der Höhe einer Treppenstufe und der Anzahl der Stufen!

22. Ein Bergsteiger (m = 65 kg) mit 10 kg Ausrüstung bewältigt einen Höhenunterschied von 970 m in 2 1/2 Stunden. Welche mechanische Leistung hat er vollbracht?

23. Unterbreite Vorschläge, wie du deine Dauerleistung ermitteln kannst! Prüfe einen der Vorschläge in einem Experiment! Vergleiche deine Dauerleistung mit deiner Höchstleistung!

Das Wichtigste auf einen Blick

Die mechanische Energie

Formen mechanischer Energie

- potenzielle Energie (Energie der Lage)
- kinetische Energie (Energie der Bewegung)

Die potenzielle Energie eines gehobenen Körpers ist umso größer,

- je größer die Gewichtskraft des Körpers ist und
- je höher er gehoben wird.
- $\boldsymbol{E_{pot} = F_G \cdot h}$

Für einen Vorgang, bei dem nur potenzielle in kinetische Energie umgewandelt wird und umgekehrt, gilt der **Energieerhaltungssatz der Mechanik:**

In einem abgeschlossenen Bereich ist die Summe aus potenzieller und kinetischer Energie konstant.

$E_{pot} + E_{kin} = E_{mech} = \text{konstant}$

Mechanische Leistung *P* gibt an, wie viel mechanische Energie in jeder Sekunde übertragen bzw. umgewandelt wird.

Einheiten: 1 Watt (1 W), 1 Kilowatt (1 kW)

Berechnung: $P = \frac{E_{pot}}{t}$ $\quad P = \frac{F_G \cdot h}{t}$

W Wahlpflicht-bereich

W

Wahlpflichtbereich: Kraftwandler früher und heute

Historische Kraftwandler

Die menschliche Muskelkraft reicht in vielen Fällen nicht aus, um Körper zu bewegen oder zu verformen. Seit Jahrtausenden nutzen die Menschen Hilfsmittel, um ihre Muskelkraft zu vergrößern (Abb. 1). Zu solchen Hilfsmitteln gehören Hebel und Rollen, Flaschenzüge, Schrauben und geneigte Ebenen. Sie werden als **Kraftwandler** oder als **kraftumformende Einrichtungen** bezeichnet.

Der italienische Maler, Naturforscher und Techniker LEONARDO DA VINCI (1452 bis 1519) entwickelte zahlreiche Geräte und Maschinen.

Auch heute nutzen wir in Technik und Alltag solche Kraftwandler: Scheren, Zangen, Flaschenöffner oder Türklinken sind Hebel. Dabei wird das Hebelgesetz (s. S. 16) angewendet. Rollen werden bei Kranen und Flaschenzügen sowie zum Spannen von Fahrdrähten genutzt.

Jede ansteigende oder abfallende Straße ist eine geneigte Ebene. Geneigte Ebenen finden wir auch als Rollbänder in Einkaufszentren, als Schrägaufzüge oder als Förderbänder.

1. *Erkunde, wozu früher Kraftwandler wie Hebel, Rollen, geneigte Ebenen genutzt wurden! Informiere dich dazu in Geschichtsbüchern und im Internet!*

2. *Schon beim Bau der ägyptischen Pyramiden wurden den Überlieferungen zufolge Steine auf einer extra aufgeschütteten Schräge hochgezogen, um Kraft zu sparen.*
   a) *Wieso braucht man auf einer Schräge weniger Kraft, als wenn man den Stein senkrecht hebt?*
   b) *Wie kann man die Reibungskraft bei der Bewegung möglichst klein halten?*

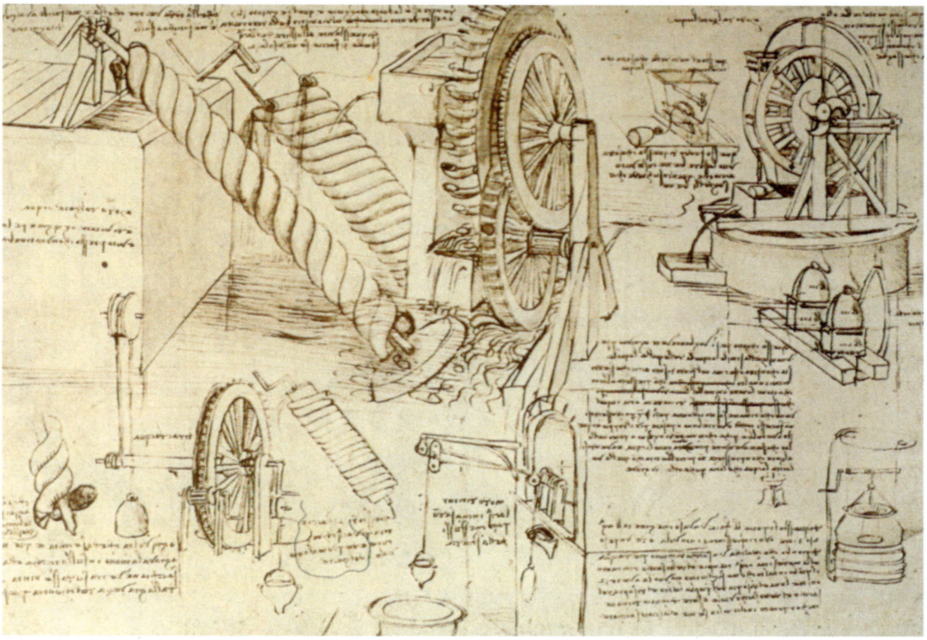

2 ▸ Zeichnungen von LEONARDO DA VINCI: Es sind verschiedene kraftumformende Einrichtungen dargestellt.

Rollen und Seil

Bei der Verwendung von Rollen und einem Seil unterscheidet man zwischen fester und loser Rolle.

Eine **feste Rolle** (s. Abb.) ändert ihren Ort beim Bewegen der Last nicht. Die Zugkraft ist genauso groß wie die Gewichtskraft der Last. Zugweg und Lastweg sind ebenfalls gleich groß. Man kann aber die Kraft in eine andere Richtung umlenken. Dabei ist es egal, ob man senkrecht oder schräg am Seil zieht. Deshalb wird eine feste Rolle auch als **Umlenkrolle** bezeichnet.

M

Durch eine feste Rolle wird bei Vernachlässigung der Reibung nur die Richtung der Kraft geändert.

Es gilt:

$F_Z = F_L$ $s_Z = s_L$

F_Z Zugkraft
F_L Gewichtskraft der Last
s_Z Zugweg
s_L Weg der Last

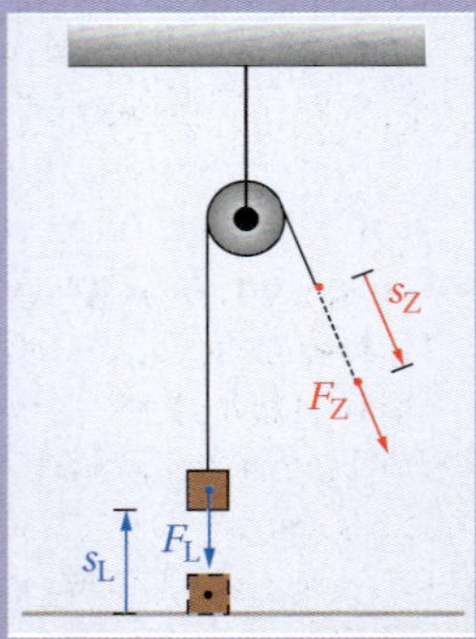

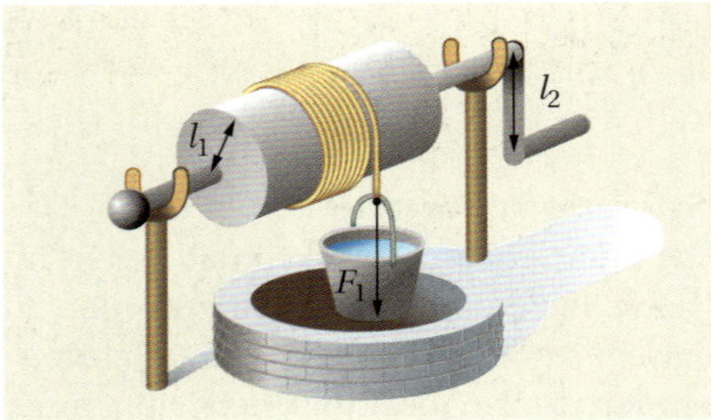

1 ▸ Auch jede Winde ist vom Prinzip her eine Rolle. Die zum Hochziehen des Eimers erforderliche Kraft ergibt sich aus dem Hebelgesetz.

M

Durch eine lose Rolle wird der Betrag der Kraft verändert. Die Zugkraft ist bei Vernachlässigung der Reibung halb so groß wie die Kraft der Last.

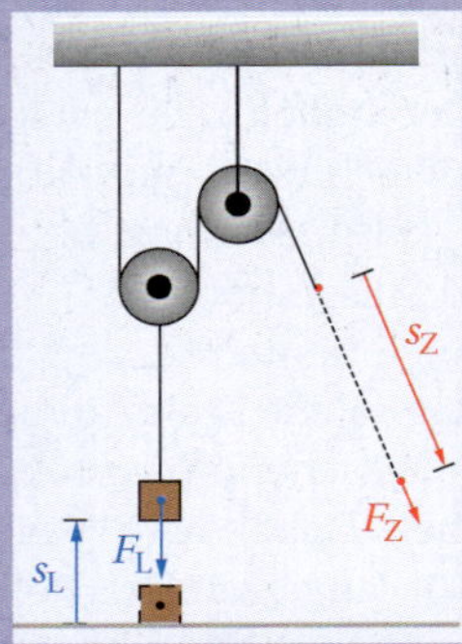

Es gilt:

$F_Z = \frac{1}{2} F_L$ $s_Z = 2\,s_L$

Eine **lose Rolle** (Abb. 2) hängt an zwei Seilstücken. Die Kraft der Last verteilt sich auf diese Seilstücke. Wird ein Seilende befestigt, dann ist die Zugkraft am freien Seilende nur etwa halb so groß wie die Kraft der Last. Aus Gründen der Zweckmäßigkeit kombiniert man meist eine lose Rolle mit einer festen Rolle (Abb. 2). Letztere dient dann aber nur zur Umlenkung der Kraft.

Wird am freien Seilende gezogen, so hebt sich die Last, aber auch die lose Rolle. Ihre Gewichtskraft muss der Kraft der Last zugerechnet werden.

Eine Anordnung mit mehreren festen und losen Rollen wird als **Flaschenzug** bezeichnet. Bei einem solchen Flaschenzug verteilt sich die Kraft der Last auf die Anzahl der tragenden Seilstücke. Die aufzubringende Kraft ist damit noch kleiner als bei einer losen Rolle, der Zugweg aber entsprechend größer.

2 ▸ Mit einer losen Rolle wird die aufzuwendende Kraft kleiner, der Weg aber größer.

W

feste Rolle	lose Rolle
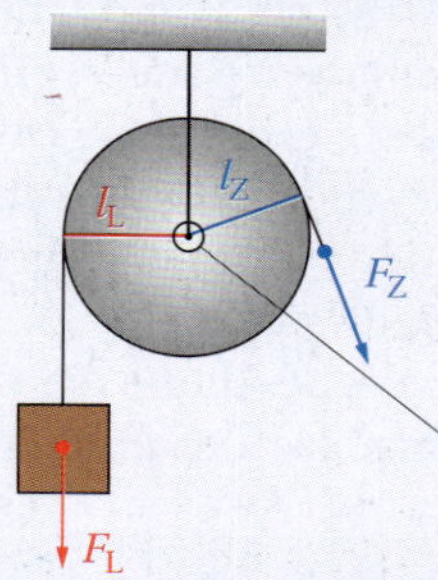	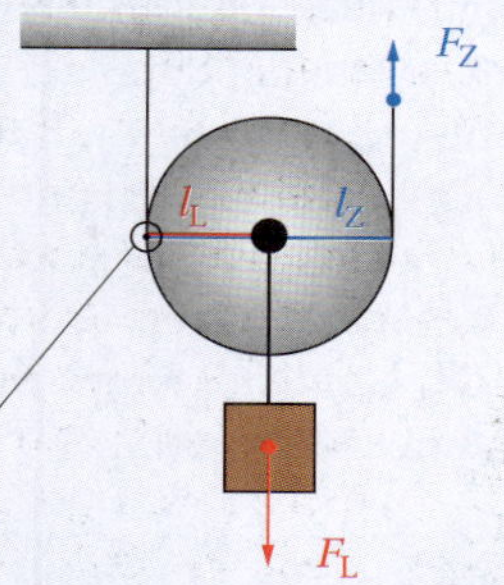
Eine feste Rolle kann als zweiseitiger Hebel angesehen werden. Die Drehachse der Rolle ist auch die Drehachse des Hebels.	Eine lose Rolle kann als einseitiger Hebel angesehen werden. Die Drehachse des Hebels liegt an der Berührungsstelle des befestigten Seilstücks mit der Rolle.
Weil die beiden Kraftarme gleich groß sind, haben auch die Kräfte auf beiden Seiten die gleichen Beträge.	Weil der Kraftarm der Zugkraft doppelt so groß ist wie der Kraftarm der Last, ist die Zugkraft nur halb so groß wie die Kraft der Last.
$l_Z = l_L \longrightarrow F_Z = F_L$	$l_Z = 2\,l_L \longrightarrow F_Z = \frac{1}{2}\,F_L$

3. *Überprüfe experimentell an einer losen Rolle den Zusammenhang zwischen der Gewichtskraft der Last und der Zugkraft am freien Seilende!*

4. *Suche und beschreibe praktische Beispiele, wo früher und heute Rollen und Seil zur Kraftumwandlung eingesetzt werden!*

5. *Bei einem Flaschenzug wird das freie Seilende mehrfach über feste und lose Rollen geführt. Die so genannte Flasche mit den losen Rollen hängt dann an mehreren Seilstücken, so wie das in der Skizze dargestellt ist.*

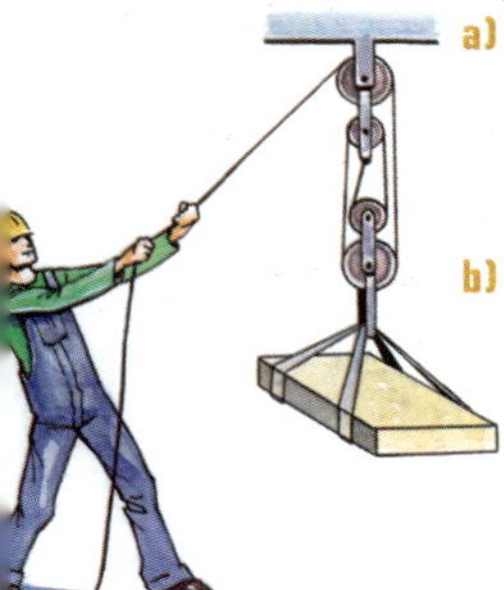

a) *Aus wie vielen festen bzw. losen Rollen besteht der dargestellte Flaschenzug?*

b) *Finde eine Lösung, wie die Kraft der Last und die Kraft am Seilende zusammenhängen!*

6. *Mit einer Winde (Abb. 2, S. 122) soll ein Wassereimer gehoben werden. In welchem Verhältnis müssen der Radius der Walze und die Länge des Kurbelarms zueinander stehen, wenn man nur etwa die Hälfte der Gewichtskraft des Eimers aufwenden will?*

7. *Welche Zugkraft ist erforderlich, um mit einer festen Rolle einen 20 kg schweren Kübel zu heben?*

8. *Mithilfe einer losen Rolle (Gewichtskraft 1,5 kg) soll ein 40 kg schwerer Sack 5 m hoch gehoben werden.*

a) *Mit welcher Kraft muss man am Seil ziehen?*

b) *Wie viele Meter muss das freie Seilende bewegt werden?*

c) *Wie verändert sich die Zugkraft, wenn die lose Rolle schwergängig ist?*

d) *Wie verändert sich die Energie des Sackes beim Heben?*

Die Goldene Regel der Mechanik wurde vor etwa 400 Jahren von dem italienischen Naturforscher GALILEO GALILEI (1564–1642) formuliert.

Die Goldene Regel der Mechanik

Vergleicht man Kräfte und Wege bei Hebeln, Rollen und anderen Kraftwandlern miteinander, dann zeigt sich: Wenn die aufzuwendende Kraft kleiner wird, vergrößert sich der Weg und umgekehrt.
Dieser Zusammenhang zwischen Kraft und Weg gilt für alle Kraftwandler und wird als **Goldene Regel der Mechanik** bezeichnet. Sie lautet:

> **Was man an Kraft spart, muss man an Weg zusetzen.**

Die Goldene Regel der Mechanik lässt sich auch in Form einer Proportionalität oder einer Gleichung ausdrücken.

> **Für Kraftwandler gilt unter der Bedingung, dass die Reibung vernachlässigbar wird:**
>
> $F \sim \frac{1}{s}$ oder $F_1 \cdot s_1 = F_2 \cdot s_2$
>
> F wirkende Kraft
> s zurückgelegter Weg

Die Gleichung für die Goldene Regel der Mechanik darf nicht mit dem Hebelgesetz (s. S. 16) verwechselt werden, denn Kraftarm l und Weg s sind verschiedene physikalische Größen.

9. *Begründe, dass die Goldene Regel der Mechanik auch für eine Brechstange oder für einen Schraubenschlüssel gilt!*

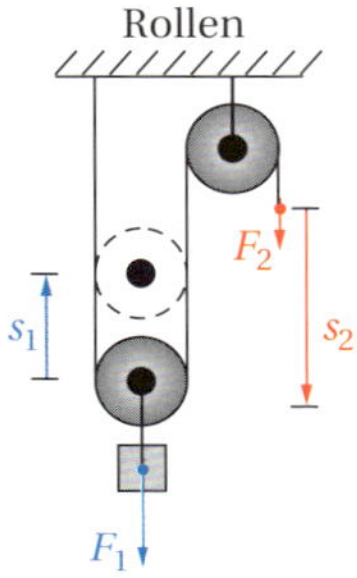

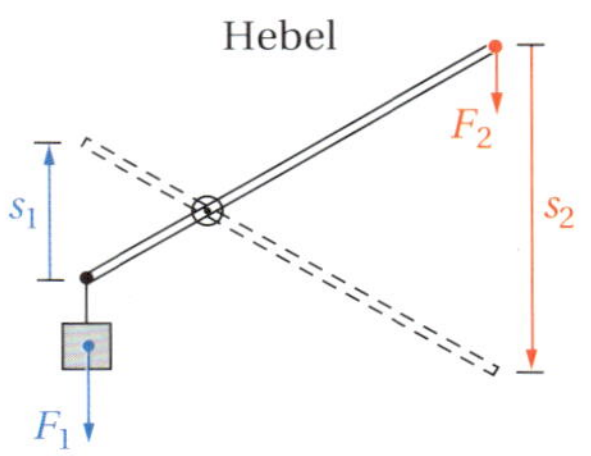

1 ▸ Bei Rollen und Hebeln ist die Kraft umso kleiner, je größer der Weg ist.

Die geneigte Ebene

Soll ein Körper in eine andere Höhe gebracht werden, so könnte man ihn senkrecht hochheben. Dazu ist eine Kraft erforderlich, die gleich seiner Gewichtskraft ist. Kraft wird gespart, wenn man stattdessen den Körper über eine geneigte Ebene bewegt (Abb. 2). Wendet man auf eine solche Ebene die Goldene Regel der Mechanik an, so erhält man:

> **Je weniger eine Ebene geneigt ist, desto kleiner ist die erforderliche Zugkraft und desto länger ist der Weg.**
>
> $F_G \cdot h = F_Z \cdot s$

10. *Untersuche an einer geneigten Ebene, wie sich für einen Körper die erforderliche Zugkraft ändert, wenn die Neigung der Ebene immer geringer wird! Miss die Kraft bei verschiedener Neigung mit einem Federkraftmesser! Bewege dabei den Körper möglichst gleichförmig längs der geneigten Ebene!*

11. *Nenne Beispiele dafür, wo man heute geneigte Ebenen nutzt!*

2 ▸ Ein Rollband ist ebenso wie eine ansteigende oder abfallende Straße eine geneigte Ebene.

W

Wahlpflichtbereich: Elektrische Schaltungen

Schaltpläne und Schaltzeichen

Elektrische Stromkreise werden mithilfe von **Schaltplänen** vereinfacht und übersichtlich dargestellt. Dabei verwendet man für die einzelnen Bauteile **Schaltzeichen,** die international einheitlich festgelegt wurden. Die Schaltzeichen einiger Bauteile sind in der Übersicht rechts zusammengestellt.

Bauteil		Schaltzeichen
elektrische Quelle (allgemein)		
galvanische Quelle (Batterie)		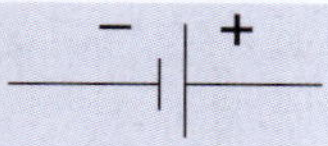
Schalter	geöffnet	
	geschlossen	
Taster	Öffner	
	Schließer	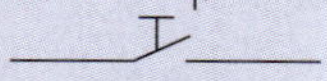
	Wechsler	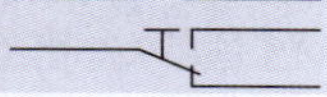
Glühlampe		
Widerstand		
Motor		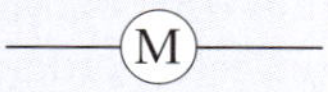
Relais		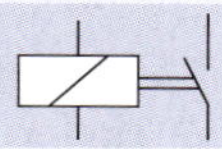
Lautsprecher		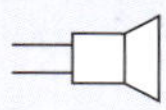

1. *Beschreibe in Worten die Schaltpläne, die in den Abbildungen a) und b) dargestellt worden sind!*

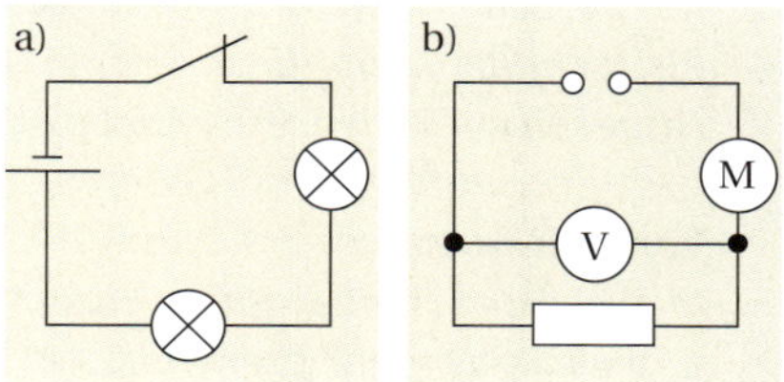

2. *Zeichne die Schaltpläne zu den unten dargestellten Bildern (Abb. 1 a, b, c)!*

3. *In einem Stromkreis befinden sich eine Glühlampe und ein Widerstand in Reihe mit einer Batterie. Der Stromkreis wird mit einem Schalter geschlossen. Es sollen die Stromstärke im Stromkreis und die Spannungen an der elektrischen Quelle, an der Lampe und am Widerstand gemessen werden. Zeichne einen Schaltplan, für den die Beschreibung des Stromkreises zutrifft!*

4. *Baue eine Schaltung wie in der nebenstehenden Abbildung auf!*
   a) *Sage voraus, was sich ändert, wenn der Schalter statt an der eingezeichneten Stelle an den Stellen A, B bzw. C im Stromkreis eingebaut wird!*
   b) *Überprüfe deine Voraussagen in einem Experiment!*

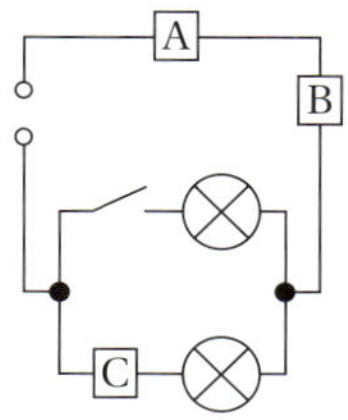

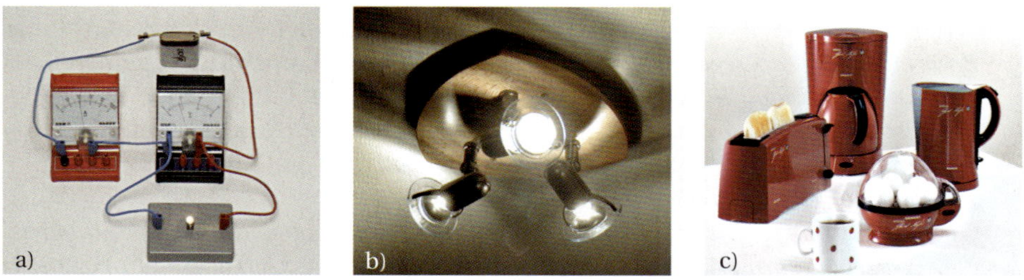

1 ▸ Elektrische Bauelemente und Geräte können unterschiedlich geschaltet werden.

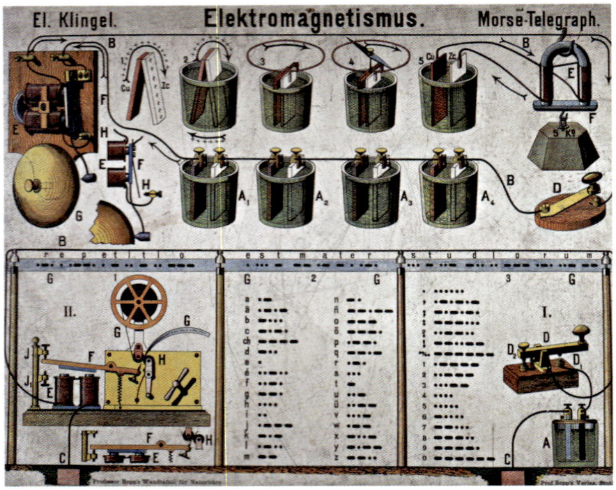

1 ▸ Historische Darstellung von Schaltungen, einschließlich Morsetelegraf und Morsealphabet

Schaltpläne sind Grundlage für den Aufbau von Schaltungen. Die meisten Schaltungen werden mit Schaltern ein- bzw. ausgeschaltet. Von Hand betätigte Schalter sind **Hebelschalter, Wippschalter** und **Taster.** Taster haben die Eigenart, dass sie beim Loslassen wieder in ihre Ausgangslage „zurückspringen", so wie das bei Klingelknöpfen der Fall ist.

Alphabet von MORSE: kurzes Signal: Punkt • langes Signal: Strich –

Mit langen und kurzen Lichtsignalen, die man mithilfe eines Tasters erzeugt, kann man Nachrichten übermitteln (Abb. 1). Die Idee geht auf SAMUEL FINLEY MORSE (1791–1872) zurück, der bereits 1832 einen elektromagnetischen **Schreibtelegrafen** und einen Code entwickelte, der aus Punkten und Strichen besteht. Diese Signale können Klopf-, aber auch Lichtsignale sein.

5. *Baue ein Licht- Morsegerät! Nutze eine Glühlampe, einen Taster und eine elektrische Quelle!*
   Vorbereitung:
   Geräte und Hilfsmittel: elektrische Quelle, Glühlampe, Taster (ersatzweise eine Wäscheklammer), Verbindungsleiter (Klingeldraht)
   a) *Entwirf einen Schaltplan!*
   b) *Informiere dich über das Morsealphabet und die Morsezeichen! Nutze dazu das Internet!*
   Durchführung:
   a) *Baue die Schaltung auf!*
   b) *Sende den Notruf SOS!*
   c) *Verschlüssele und sende weitere Nachrichten!*

6. *Konstruiere für ein Modell eines Krans eine elektrische Schaltung, mit der der Motor der Seilwinde, die Beleuchtung und eine Hupe mit je einem Schalter ein- und ausgeschaltet werden können. Als Schalter für die Hupe soll ein Taster verwendet werden.*

   Vorbereitung:
   a) *Welche Schaltungsart muss verwendet werden? Begründe!*
   b) *Entwirf einen Schaltplan!*
   Durchführung:
   Baue die Schaltung auf und überprüfe die Funktionsfähigkeit!

Elektrische Schaltungen zum Regeln

Durch Änderungen der Temperatur, der Stärke des Lichts oder eines Magnetfeldes können elektrische Stromkreise ein- oder ausgeschaltet werden. Dabei wird die Änderung einer nichtelektrischen Größe in eine elektrische Größe umgewandelt. Der Physiker spricht von **Messgrößenwandlung.**

Schalter, die bei Überschreiten einer bestimmten Temperatur einen elektrischen Kontakt öffnen oder schließen, sind **Bimetallschalter.** Sie befinden sich z. B. in Bügeleisen (Abb. 1, S. 127).

7. *Beschreibe, wie die Temperaturregelung in einem Bügeleisen funktioniert (Abb. 1, S. 127)!*

W

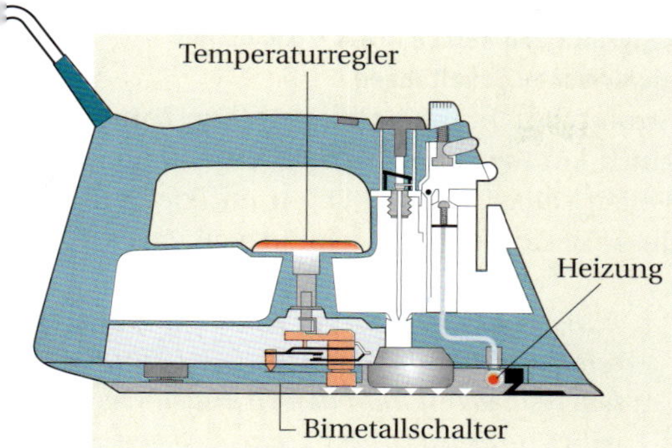

1 ▸ Temperaturregelung durch Bimetallschalter

Erfinder gefragt!

Bimetallschalter befinden sich auch in Temperaturwarnanlagen, z. B. in Feuermeldern. Modelle für solche Feuermelder könnt ihr selbst konstruieren. Dabei ist zu beachten, dass sich nicht nur Bimetalle bei Erwärmung verbiegen, sondern auch Kerzenwachs schmilzt und Fäden durchbrennen. Dadurch können leitende Teile verbunden werden, die vorher „auf Abstand" gehalten wurden (s. Abb.).

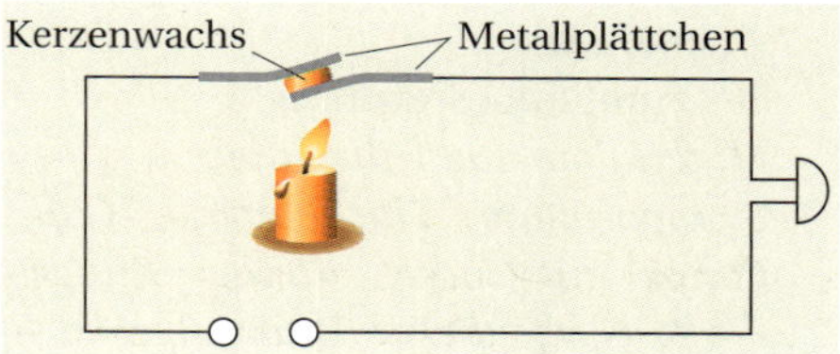

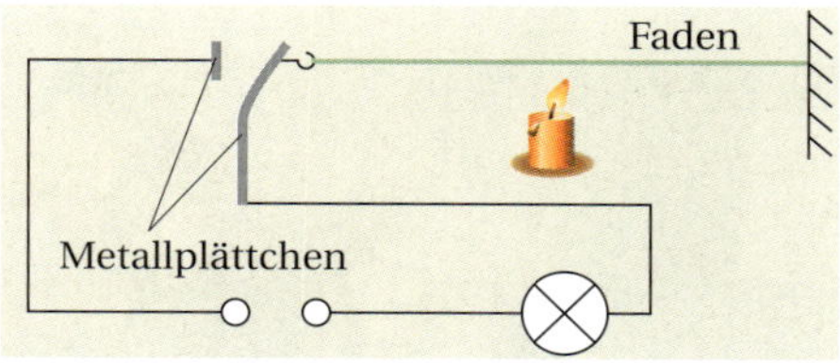

8. *Startet einen Wettbewerb zum Bau von funktionssicheren und originellen Modellen von Feuermeldern!*
Verwendet als elektrische Quellen Batterien oder Akkus mit einer Spannung von bis zu 6 V!
Nutzt eine Glühlampe mit Fassung oder einen Summer zur Signalgebung!

Elektrische Schaltungen mit Relais

So sieht das Modell eines Relais aus.

Häufig werden Bimetallschalter mit einem **Relais** kombiniert. Ein Relais ist ein elektromagnetischer Schalter, mit dem Stromkreise ein- und ausgeschaltet werden können (Abb. 2). Mit relativ geringen Strömen im Steuerkreis können große Ströme im Arbeitskreis geschaltet werden. Das geschieht mithilfe einer Magnetspule, die über Schaltkontakte andere Stromkreise ein- oder ausschaltet. Dabei besteht kein leitender Kontakt zwischen Steuer- und Arbeitskreis.
Fließt im Steuerkreis kein Strom, dann sind die Kontakte B-C geschlossen (Abb. 2). Bei Stromfluss sind die Kontakte A-B geschlossen und B-C geöffnet.

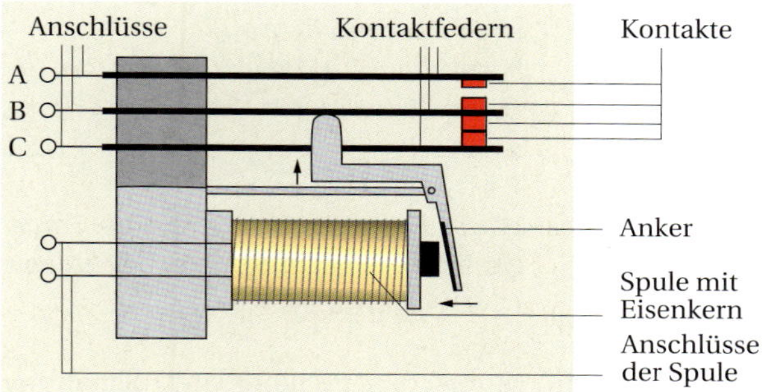

2 ▸ Aufbau eines Relais

9. *Wenn der Anker vom Elektromagneten angezogen ist, soll eine Glühlampe aufleuchten. Zwischen welchen Anschlüssen eines Relais muss sich die Glühlampe befinden?*

10. *Beim Unterbrechen des Steuerkreises eines Relais soll der Arbeitsstromkreis eingeschaltet werden.*
- **a)** *Zeichne einen Schaltplan für den Steuerstromkreis mit elektrischer Quelle, Taster und Elektromagnet!*
- **b)** *Zeichne einen Schaltplan für den Arbeitsstromkreis mit zweiter elektrischer Quelle, Glühlampe und den Kontakten des Relais als Schalter!*
- **c)** *Erprobe die Schaltungen!*

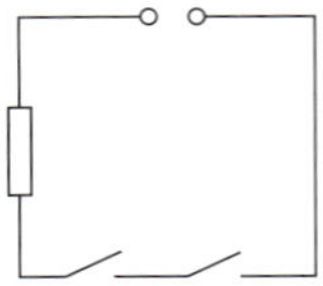

1 ▸ UND-Schaltung

UND- bzw. ODER- Schaltungen

In Abhängigkeit von der Nutzung elektrischer Geräte, gibt es verschiedene Schaltungen und Sicherheitsvorkehrungen.

Eine **UND-Schaltung** ist eine solche Sicherheitsschaltung (Abb. 1). Man erreicht damit, dass man ein Gerät oder eine Maschine nur dann in Betrieb nehmen kann, wenn man zwei verschiedene Schalter gleichzeitig schließt.

Eine Heckenschere hat z. B. zwei Tastschalter, die man sowohl mit der linken Hand als auch mit der rechten Hand gleichzeitig betätigen muss. Erst dann beginnt die Schere zu arbeiten.

11. *Baue ein Modell für die Schaltung einer Heckenschere auf! Formuliere ein Versuchsergebnis in der Form: Der Motor läuft erst dann, wenn…"*

12. *Warum nennt man die in Abb. 1 dargestellte Schaltung von Schaltern UND-Schaltung?*

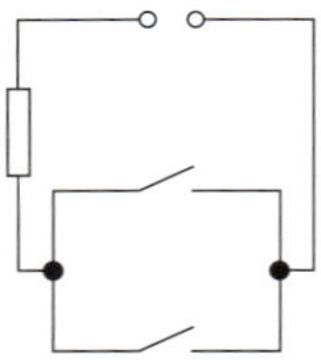

2 ▸ ODER-Schaltung

Im Unterschied zu einer UND-Schaltung kann eine **ODER-Schaltung** von zwei unterschiedlichen, auch weiter entfernten Standorten aus bedient werden (Abb. 2).

Diese Schaltung lässt sich nur mit dem Schalter ausschalten, mit dem sie auch eingeschaltet wurde. Das nutzt man bei großen Bandanlagen, die von verschiedenen Standorten aus bedient werden müssen.

Die Schaltung wird auch verwendet, wenn die Klingel einer Wohnung sowohl von der Haustür als auch von der Wohnungstür aus betätigt werden soll.

13. *Baue eine solche Klingelschaltung auf und erprobe sie!*

14. *Warum nennt man diese Schaltung von Schaltern ODER-Schaltung?*

Labyrinth und heißer Draht – Spiele mit elektrischen Schaltungen

Strompfade in einem elektrischen **Labyrinth** können schmale Streifen aus Alu-Folien sein. Irrwege werden mit kleinen Tesafilmstreifen nicht leitend gemacht.

15. *Baue ein Labyrinth! Verbinde die leitenden Materialien so, dass die Lampe leuchtet, wenn man den richtigen Weg geht und erlischt, wenn man sich geirrt hat!*

Vorbereitung:

Materialien und Hilfsmittel: Flachbatterie, Glühlampe mit Fassung, Alufolie, Tesafilm, Klingeldraht, Lötkolben

Der **heiße Draht** ist ein Geschicklichkeitsspiel (Abb. 3). An einem möglichst verschlungenen Draht wird ein Ring (eine Schlaufe) entlanggeführt. Berührt die Schlaufe den Draht, dann leuchtet eine Lampe auf.

16. *Konstruiere einen „heißen Draht"!*

a) *Zeichne einen Schaltplan für die Anordnung!*

b) *Erprobe die Schaltung!*

Materialien und Hilfsmittel: Styroporplatte, Flachbatterie, Glühlampe mit Sockel, dünner Klingeldraht (1 m), dicker Drahtbügel (z. B. aus der Reinigung), Trinkröhrchen

3 ▸ Einen heißen Draht kann man sich mit einfachen Mltteln selbst herstellen.

W

Wahlpflichtbereich: Vom Fliegen

Ein Blick in die Geschichte

Der Traum vom Fliegen ist uralt. Bereits die griechische Sage berichtet von DÄDALUS und seinem Sohn IKARUS. DÄDALUS soll ein griechischer Baumeister gewesen sein, der auf der Insel Kreta lebte. König MINOS hinderte ihn am Verlassen der Insel. Deshalb wählte er den einzig möglichen Fluchtweg – den durch die Luft.
DÄDALUS konstruierte für sich und seinen Sohn IKARUS Flügel aus Adlerfedern und Wachs. Ihre Flugversuche verliefen erfolgreich, der Beginn ihrer Flucht ebenfalls. IKARUS hielt sich aber aus jugendlichem Übermut nicht an die Empfehlung des Vaters, nicht zu tief und nicht zu hoch zu fliegen. Er flog immer höher. Durch die Sonnenstrahlung schmolz das Wachs, das die Federn zusammenhielt. Seine Flügel lösten sich auf. IKARUS stürzte ins Meer, das seitdem den Namen Ikarisches Meer trägt.

Im 15. Jahrhundert beschäftigte sich der geniale italienische Maler, Naturforscher und Techniker LEONARDO DA VINCI (1452–1519) eingehend mit dem Fliegen. Er studierte insbesondere den Flug der Vögel und entwarf Zeichnungen mit Konstruktionen von künstlichen Flügeln (Abb. 2), aber auch von Hubschraubern und Fallschirmen.

1 ▸ Der griechische Baumeister DÄDALUS und sein Sohn IKARUS (historische Darstellung)

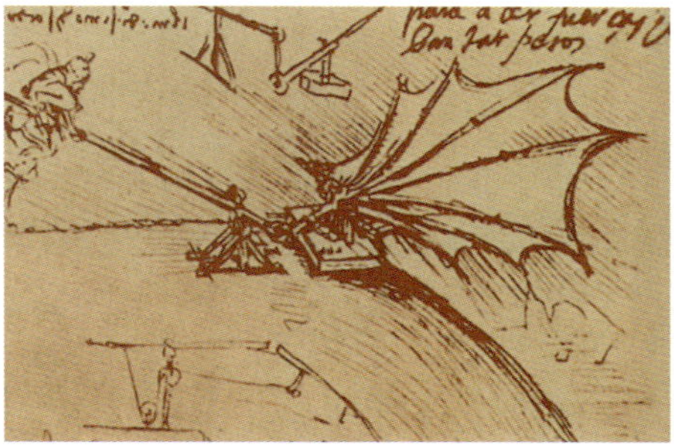

2 ▸ Schlagflügel von LEONARDO DA VINCI

Die Ideen von LEONARDO gerieten zunächst in Vergessenheit, der Traum vom Fliegen aber blieb.

Einen wesentlichen Schritt zur Entwicklung der Luftfahrt vollbrachten die Brüder GUSTAV und OTTO LILIENTHAL. Sie untersuchten besonders den Gleitflug mit Tragflügeln und verglichen ihre Erkenntnisse immer wieder mit dem Gleitflug von großen Vögeln. 1891 führte OTTO LILIENTHAL (1848–1896) erstmals erfolgreich Gleitflüge in Derwitz bei Werder an der Havel aus (Abb. 3). 1896 verunglückte er bei einem seiner Flugversuche in der Nähe von Stölln tödlich.

1903 hob erstmals ein propellerbetriebenes Motorflugzeug der Brüder WRIGHT von der Erde ab. Danach setzte eine stürmische Entwicklung des Flugzeugbaus ein. Heute gibt es eine Vielzahl von Flugzeugtypen.

HUGO JUNKERS baute ab 1915 Ganzmetallflugzeuge, von 1932 an die berühmte dreimotorige Ju-52.

3 ▸ OTTO LILIENTHAL vollbrachte mit seinem Gleitflugapparat Flüge bis 300 m.

1 ▸ Moderne Flugzeuge sind heute unentbehrliche Transportmittel für Personen und Güter.

1. *Informiere dich genauer über die ersten Pioniere der Luftfahrt! Nutze dazu Nachschlagewerke und das Internet, u. a. die Adresse* ***www.schuelerlexikon.de****!*

2. *Fertigt eine Schautafel zum Thema „Pioniere der Luftfahrt" an!*

3. *Informiere dich darüber, welche Flugzeugtypen heute vorrangig im Luftverkehr eingesetzt werden, wie schnell diese Flugzeuge sind und wie viele Passagiere sie befördern! Fertige dazu eine Übersicht an!*

2 ▸ Ein Heißluftballon steigt nach oben, weil die heiße Luft im Ballon leichter als die Luft der Umgebung ist.

Die Strömung ist entscheidend

Heißluftballons (Abb. 2) und Zeppeline fliegen, weil der Auftrieb in der Luft bei ihnen hinreichend groß ist. Schwere Flugzeuge können dagegen nur aufsteigen und sich in der Luft halten, wenn die Tragflächen genügend schnell von Luft umströmt werden. Das gilt auch für Segelflugzeuge, Vögel im Gleitflug und Drachen.

Bei Vögeln wird durch den Flügelschlag nach unten und die Stellung der Flügel eine nach oben gerichtete Auftriebskraft hervorgerufen.

Bei Drachen und Drachenfliegern strömt Luft gegen eine Fläche und wird nach unten umgelenkt. Dadurch entsteht eine nach oben gerichtete Auftriebskraft.

Dieser Effekt spielt auch bei Flugzeugen eine Rolle, insbesondere bei größeren Anstellwinkeln während des Startens und Landens. Die entscheidende Rolle spielt aber die Luftströmung um die Tragfläche. Dargestellt werden können solche Luftströmungen mithilfe von **Stromlinienbildern** (Abb. 3).

Für ein solches Stromlinienbild als Modell einer Strömung gilt:

- Eine Stromlinie beschreibt die Bahn von Luftteilchen.

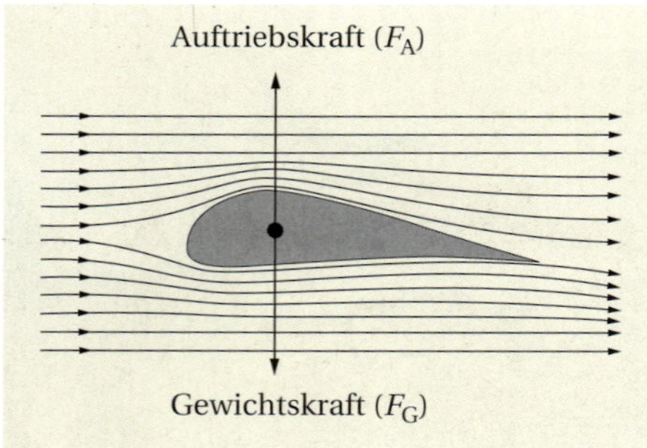

3 ▸ Die Strömung um eine Tragfläche kann man mithilfe eines Stromlinienbildes darstellen. Oben strömt die Luft schneller als unten.

- Je größer die Anzahl der Stromlinien in einem Bereich ist, desto größer ist die dort vorhandene Strömungsgeschwindigkeit.

Aus Abb. 3, S. 130, ist erkennbar: An der Oberseite der Tragfläche liegen die Stromlinien besonders dicht. Die Strömungsgeschwindigkeit ist dort am größten.
In einem Windkanal kann man eine Strömung mithilfe von angefärbtem Rauch sichtbar machen. Entscheidend für das Fliegen ist: Eine unterschiedliche Strömungsgeschwindigkeit bewirkt eine unterschiedliche Kraft auf eine Fläche.

M **Je größer die Strömungsgeschwindigkeit ist, desto kleiner ist die Kraft auf die betreffende Fläche.**

Für eine Tragfläche bedeutet das: Da die Strömungsgeschwindigkeit oben größer als unten ist, wirkt auf die Fläche oben eine kleinere Kraft als auf die Fläche unten. Damit wirkt insgesamt eine Auftriebskraft nach oben (Abb. 3, S. 130). Das ist die Kraft, die ein Flugzeug in der Luft hält.

4. *Strömungen kann man mit einer Fadensonde (s. Skizzen) untersuchen.*

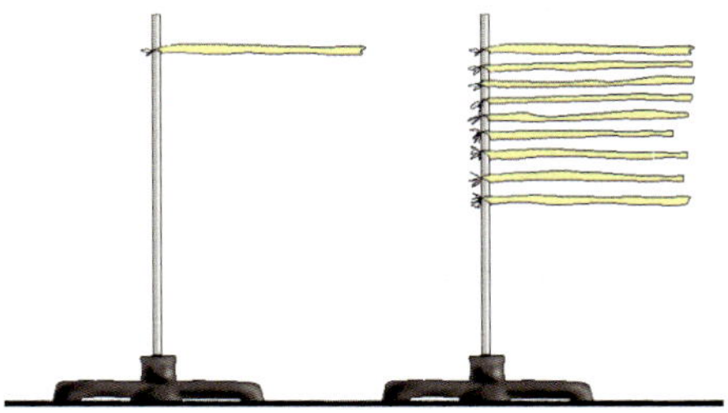

Baue dir eine Fadensonde! Untersuche damit Luftströmungen
a) *im Freien,*
b) *hinter einer Hausecke und*
c) *hinter Körpern, die sich im Luftstrom eines Föhns befinden!*
Beschreibe deine Beobachtungen!

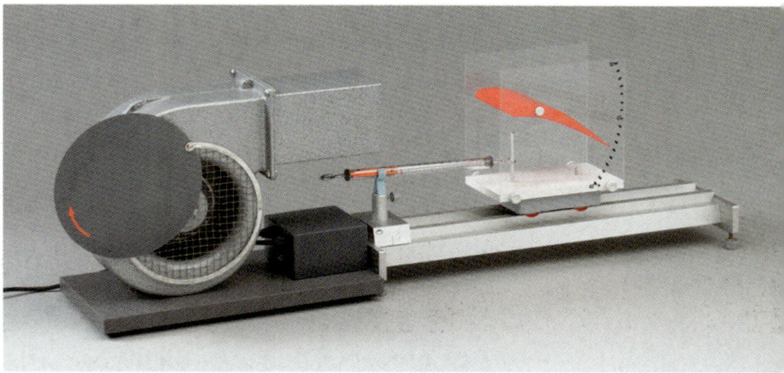

1 ▸ An einem Tragflächenmodell kann man experimentell untersuchen, wie sich die Auftriebskraft mit dem Anstellwinkel verändert.

5. *Halte zwei Blätter Papier dicht beieinander und blase hindurch! Beschreibe und erkläre deine Beobachtungen!*

6. *Lege ein gewölbtes Stück Papier oder dünne Pappe über einen stabilen Draht! Blase mit einem Föhn dagegen! Beschreibe und erkläre deine Beobachtungen!*

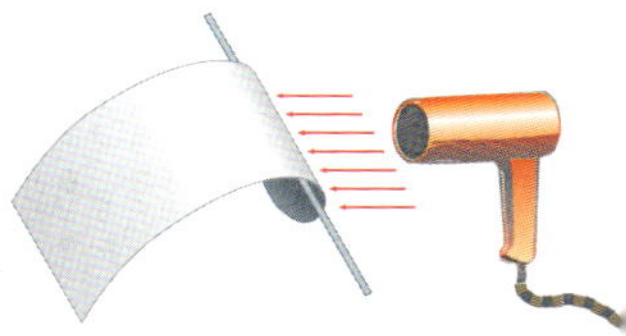

7. *Mithilfe einer Waage kann man untersuchen, wie groß die Auftriebskraft ist und wie sie sich ändert, wenn die Bedingungen verändert werden. Die Skizze zeigt den Versuchsaufbau.*

a) *Untersuche an einem Tragflächenprofil, wie sich die Auftriebskraft mit dem Anstellwinkel und mit der Strömungsgeschwindigkeit verändert!*
b) *Untersuche die Auftriebskraft an anderen Körpern (z. B. einem Flugzeugmodell oder einem kleinen Drachen)!*

Kräfte beim Flug

Auf ein Flugzeug wirken sehr unterschiedliche Kräfte (Abb. 1). Vom Verhältnis dieser verschiedenen Kräfte hängt es ab, ob ein Flugzeug steigt oder sinkt, ob es schneller oder langsamer wird, ob es sich sicher in der Luft bewegt.

(1) Die Gewichtskraft F_G wirkt in Richtung Erdmittelpunkt. Sie hängt von der Masse des Flugzeugs ab.
(2) In entgegengesetzter Richtung wirkt die Auftriebskraft F_A.
(3) Damit sich ein Flugzeug vorwärts bewegt, muss eine Antriebskraft F_{An} wirken, die durch den Motor des Flugzeugs bzw. die Triebwerke hervorgerufen wird.
(4) Entgegen der Bewegungsrichtung wirkt die Luftwiderstandskraft F_L.

Bei einem horizontalen Flug mit konstanter Geschwindigkeit ist die Auftriebskraft F_A genauso groß wie die Gewichtskraft F_G. Auch die Antriebskraft F_{An} und die Luftwiderstandskraft F_L sind gleich groß.

8. *Wie würde sich das Flugzeug bewegen, wenn*
a) *die Auftriebskraft größer als die Gewichtskraft ist,*
b) *die Auftriebskraft kleiner als die Gewichtskraft ist,*
c) *die Antriebskraft größer als die Luftwiderstandskraft ist,*
d) *die Antriebskraft kleiner als die Luftwiderstandskraft ist?*

1 ▸ Kräfte bei einem Flugzeug bei gleichförmigem horizontalem Flug

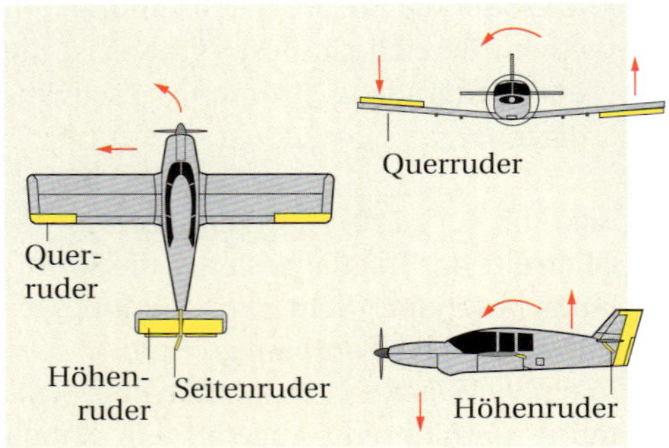

2 ▸ Funktion der verschiedenen Ruder bei einem Flugzeug

Um die Flugrichtung zu ändern, benutzt man bei Flugzeugen **Seitenruder, Querruder** und **Höhenruder** (Abb. 2). Diese Bezeichnungen entstammen der Schifffahrt. Durch die Stellung dieser Ruder werden die Luftströmungen so verändert, dass zusätzliche Kräfte auftreten, die eine Richtungsänderung bewirken.
Beim Starten und Landen ist die Geschwindigkeit eines Flugzeugs nicht so groß wie in Reiseflughöhe. Um den notwendigen Auftrieb zu gewährleisten, werden durch Ausfahren von Klappen (Abb. 3) die Tragflächen und der Anstellwinkel vergrößert.

9. *Erkunde, wie groß Start- und Landegeschwindigkeiten bei modernen Verkehrsflugzeugen sind!*

10. *Informiere dich darüber, welche Kräfte bei einem Hubschrauber wirken!*

3 ▸ Beim Starten und Landen sind Klappen ausgefahren. Damit vergrößert sich die Tragfläche.

Das Wichtigste auf einen Blick

Kraftwandler, elektrische Schaltungen, Fliegen

Kraftumformende Einrichtungen

- geneigte Ebene
  $F_G \cdot h = F_Z \cdot s$
- Hebel
  $F_1 \cdot l_1 = F_2 \cdot l_2$
- lose Rolle
  $F_Z = \frac{1}{2} F_L \qquad s_Z = 2\, s_L$
- feste Rolle
  $F_Z = F_L \qquad s_Z = s_L$

Goldene Regel der Mechanik
Was man an Kraft spart, muss man an Weg zusetzen: $F \sim \frac{1}{s}$

Elektrische Stromkreise können ein- bzw. ausgeschaltet werden

- durch die Änderung
  - der Temperatur (Bimetallschalter)
  - der Stärke des Lichts
  - der Stärke eines Magnetfeldes (Relais)

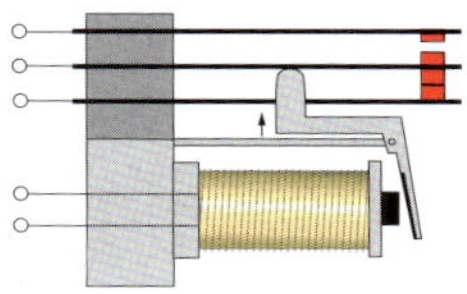

- durch UND-Schaltung bzw. ODER-Schaltung

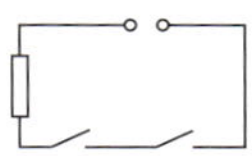

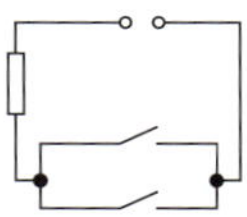

Vom Fliegen

- Luftströmungen können mithilfe von **Stromlinienbildern** dargestellt werden.
- Je größer die Strömungsgeschwindigkeit ist, desto kleiner ist die Kraft auf die betreffende Fläche.
- Bei gleichförmigem horizontalen Flug wirken Kräfte auf ein Flugzeug.

ABB Kabel und Draht GmbH: 71/5; ADAC: 23/2, 23/3; Adam Opel AG: 54/2; AEG Hausgeräte GmbH: 102/1b; Archiv für Kunst und Geschichte, Berlin: 126/1; Archiv PAETEC Verlag für Bildungsmedien: 50/1, 50/3, 59/1, 65/1, 73/1, 76/1, 76/2, 92/1, 121/1, 129/1, 129/2, 129/3, 132/1; BackArts GmbH: 110/3, 115/3; Bahro, K., Berlin: 102/1d; Berrenrath, R., Köln: 34/2; Corel Photos Inc.: 6/1, 7/4, 8/1, 8/3, 9/4, 9/5, 17/1, 17/3, 17/4, 18/2, 24/2, 30/1, 31/1, 47/4, 53/1, 74/1, 84/1, 87/3, 89/1, 101/1a, 101/1b, 101/1d, 104/1, 110/2, 111/2, 115/2, 119/1, 130/2, 130/3; Cornelsen Experimenta: 7/3, 7/5, 18/3, 33/2, 33/4, 36/1, 36/2, 38/1, 40/3, 42/1, 42/2, 42/3, 42/4, 43/1, 43/2, 44/2, 47/2, 49/4, 52/1, 55/3, 57/1, 57/3, 61/2, 61/3, 65/2, 66/1, 66/2, 70/2, 72/4, 73/2a, 77/4, 80/1, 83/1, 102/2, 125/1a, 126/2, 131/1; dpa: 61/1, 103/1, 107/3, 112/1; Dunlop AG, Hanau: 7/1; Enercon GmbH, Aurich: 97/1; Fulda Reifen GmbH & Co.KG: 22/3, 23/1, 26/1; Gerst, Neckarwerke MNS, Stuttgart: 55/2; Gottschlich, C., Berlin: 103/3; Grimm, B., Berlin: 24/1; Hemera Photo Objects: 64/3, 70/1, 82/1, 85/5, 110/4, 110/5, 118/1, 119/2; Hessen Touristik Service e. V., Wiesbaden: 17/5; IKEA: 93/1; Knopf, C., Potsdam: 78/1b; LEYBOLD-DIDACTIC GmbH: 63/1; Liesenberg, G., Berlin: 10/4, 25/1, 29/1b, 29/1c, 29/1d, 40/2, 54/3, 61/5, 67/2, 71/1, 73/2c, 79/2, 85/1, 86/1b, 94/1, 99/1, 99/3, 103/3, 108/1, 113/1, 119/3, 120/1, 125/1b; Lufthansa AG: 87/2, 130/1, 132/3; Mahler, H., Berlin: 21/1, 44/1, 47/3, 48/1, 56/1, 57/2, 68/1, 71/4, 82/3, 105/1, 106/1; Mannesmann Dematic AG, Wetter: 9/1, 33/5, 39/1, 46/1, 71/2, 87/8; MEKRUPHY GmbH, Pfaffenhofen: 47/1, 51/6, 52/4, 72/5; Mentzel, J., Radewege: 11/1; Metabo: 128/2; Meyer, L., Potsdam: 9/2, 9/6, 9/8, 10/3, 16/3, 16/4, 16/5, 16/6, 22/1, 23/4, 29/1, 37/1, 37/2, 39/2, 45/1, 47/5, 58/1, 64/4, 64/5, 67/1, 69/1, 72/3, 95/1, 99/2, 106/2, 110/1, 124/2, 129/4; NASA: 7/2, 9/9, 20/1, 87/5, 87/6; Osram GmbH: 85/2, 85/3, 86/1c, 102/1c; Pettkus, J., Zepernik: 87/4; Photo Disc Inc.: 8/2, 15/2, 33/3, 35/2, 72/2, 86/2, 101/1c, 103/2, 107/1, 111/1; Photosphere: 85/4; Raum, B., Neuenhagen: 87/1; Ruppin, Ch., Berlin: 61/4; Siemens AG: 9/7, 87/7, 87/9, 90/1; Siemens-Elektrogeräte GmbH, München: 71/3, 102/1a, 125/1c; Silvestris GmbH, Kastl: 108/2; Sonnenfeld, G., Fredersdorf: 107/2; Technorama, Schweiz, Winterthur: 33/1; Thiem, F., Mühlberg: 44/3; Tierbildarchiv Angermayer, Holzkirchen: 72/1, 78/1a; Universität Klagenfurth: 128/1; Varta Batterie AG, Hannover: 73/2b, 83/2; VEAG Vereinigte Energiewerke AG Berlin/Photo-König Lobenstein: 88/1; Vogt, P., Landau: 34/1, 38/3, 63/2, 64/1, 64/2, 67/4, 74/1, 82/2; Volkswagen AG: 8/4, 9/3, 22/2, 86/1a; Zabel, E., Güstrow: 105/2

Titel: Gettyimages (1), Photo Disc Inc. (2), Euro Speedway Lausitz (1)

Trotz größter Sorgfalt konnten die Urheber bzw. die Rechtsinhaber des Bildmaterials nicht in allen Fällen ermittelt werden. Wir bitten gegebenenfalls höflichst um Mitteilung an den Verlag.

Isaac Newton (1643–1727)

Der englische Forscher Isaac Newton war einer der bedeutendsten Naturwissenschaftler der Geschichte. Als Sohn eines Landpächters, der noch vor seiner Geburt starb, wuchs Newton in bescheidenen materiellen Verhältnissen auf. Der Rektor seiner Schule ermöglichte dem begabten Schüler gemeinsam mit seinem Onkel ein Universitätsstudium. Danach war Newton als Wissenschaftler in verschiedenen Einrichtungen tätig.
Newton entdeckte grundlegende Gesetze der Mechanik (newtonsche Gesetze). Er fand das Gravitationsgesetz, führte zahlreiche optische Untersuchungen durch und entwickelte das erste Spiegelteleskop.

James Prescott Joule (1818–1889)

James Prescott Joule wurde in einem englischen Dorf in der Nähe von Manchester geboren. Neben einer Tätigkeit in der elterlichen Brauerei nahm er Unterricht in Mathematik und Naturwissenschaften und beschäftigte sich mit physikalischen Problemen.
Joule entdeckte 1840 das Gesetz über die Stromwärme. Mit seinen Untersuchungen zum Zusammenhang zwischen Wärme und mechanischer Arbeit trug er wesentlich zur Durchsetzung des Energieerhaltungssatzes bei. Ihm zu Ehren wird als Einheit der Energie das Joule verwendet. Er gilt neben J. R. Mayer (1814–1878) als derjenige, der erstmals den Energieerhaltungssatz in allgemeiner Form angab.

Alessandro Volta (1745–1827)

Alessandro Volta wurde als Sohn eines Geistlichen geboren, besuchte ein Jesuitenkolleg und begann danach, sich mit elektrochemischen Experimenten zu beschäftigen. Er war als Physiklehrer in seiner Heimatstadt und als Physikprofessor an der Universität in Padua tätig. Napoleon ernannte ihn 1800 zum Grafen und 1810 zum Senator des Königreiches Lombardei.
Besondere Verdienste hat sich Volta bei der Erforschung und der Konstruktion von Spannungsquellen erworben. Er baute die ersten brauchbaren Spannungsquellen und schuf den Vorläufer der heutigen Batterien. Nach ihm ist die Einheit der elektrischen Spannung benannt.